# Premiere Pro 影视后期编辑
## 短视频制作实战宝典

方国平/编著

电子工业出版社
Publishing House of Electronics Industry
北京·BEIJING

## 内 容 简 介

本书是初学者快速自学 Premiere Pro 软件的专业教程，全书从实用角度出发，以循序渐进的讲解方式，全面系统地讲解了 Premiere Pro 软件的工作界面、自定义工作区、面板和工作流程。同时介绍了视频剪辑技巧，视频过渡和视频效果的使用方法，混合模式、蒙版与键控的使用方法，视频调色和音频效果的使用方法，文字字幕的制作方法，插件的应用方法。最后介绍了短视频制作的综合案例，如商品短视频制作、水墨短视频制作、相册动画制作、音乐卡点短视频制作。

本书结构清晰、实例丰富，适合作为从事短视频创作、广告设计、影视后期、电商设计等相关行业从业人员的自学指导书，也可以作为相关专业院校或培训机构的教材。

本书配套了超大容量的多媒体教学视频，以及书中的案例源文件和相关素材，读者可以借助配套资源更好、更快地学习 Premiere Pro 软件。

未经许可，不得以任何方式复制或抄袭本书之部分或全部内容。
版权所有，侵权必究。

**图书在版编目（CIP）数据**

Premiere Pro 影视后期编辑：短视频制作实战宝典 / 方国平编著．—北京：电子工业出版社，2022.1
ISBN 978-7-121-42286-7

Ⅰ．①P⋯ Ⅱ．①方⋯ Ⅲ．①视频编辑软件 Ⅳ．① TP317.53

中国版本图书馆 CIP 数据核字（2021）第 228088 号

责任编辑：孔祥飞
印　　刷：中国电影出版社印刷厂
装　　订：中国电影出版社印刷厂
出版发行：电子工业出版社
　　　　　北京市海淀区万寿路 173 信箱　邮编：100036
开　　本：720×1000　1/16　印张：25　字数：520 千字
版　　次：2022 年 1 月第 1 版
印　　次：2022 年 1 月第 1 次印刷
定　　价：109.00 元

凡所购买电子工业出版社图书有缺损问题，请向购买书店调换。若书店售缺，请与本社发行部联系，联系及邮购电话：（010）88254888，88258888。
质量投诉请发邮件至 zlts@phei.com.cn，盗版侵权举报请发邮件至 dbqq@phei.com.cn。
本书咨询联系方式：010-51260888-819，faq@phei.com.cn。

# 前　言

本书基于Premiere Pro 2020撰写，是初学者快速自学Premiere Pro软件的实用教程。大多数传统的Premiere Pro教程只介绍操作步骤，忽略了实际应用，使读者在实际工作中无从下手。本书不仅能够让读者系统、高效地学会Premiere Pro软件，而且本书在案例上更加突出针对性、实用性和技术剖析的力度，对视频剪辑、视频过渡、视频调色、抠像、蒙版遮罩、音频处理、字幕和插件，以及抖音、快手、视频号等短视频的制作均有讲解。

## 本书内容

本书共10章。第1章讲解了Premiere Pro软件的工作界面、自定义工作区、面板和工作流程；第2章讲解了视频剪辑技巧，如新建序列、视频剪辑方法和制作关键帧动画等；第3章讲解了视频过渡及应用；第4章讲解了视频效果的使用方法，如为人物拉长大腿、制作"盗梦空间"效果、制作书写文字效果、制作分屏动画、制作"马赛克"效果等；第5章讲解了混合模式、蒙版与键控的使用方法，如混合模式的合成效果、影视中常见的聊天信息对话框案例、"一人饰两角"效果的案例、人物字幕条和抠像技巧等。第6章讲解了视频调色的使用方法，如"Lumetri 颜色"调色方法和预设的使用方法；第7章讲解了音频效果的使用方法，如统一音频中的响度、修复对话音轨、提高对话音轨的清晰度和对声音进行变速、变调等；第8章讲解了文字字幕的制作方法，如简单的文本效果、电影结尾的字幕滚动效果、开放式字幕、图形模板的使用方法等；第9章讲解了插件的应用方法，如Shine插件、Starglow插件、Mojo插件、Looks插件、Beauty Box插件、Beat Edit插件；第10章讲解了综合案例，如商品短视频制作、水墨短视频制作、相册动画制作、音乐卡点短视频制作等，最后可以将制作好的短视频发布到快手、抖音等平台。

## 本书特点

本书以实用、够用为原则，将有限的篇幅放在核心技术的讲解上。本书知识结构完整、层次分明，内容通俗易懂，操作简单，对每个知识点都配以案例，力求做到让读者在应用中真正掌握Premiere Pro软件的使用方法。相信读者在学完本书后，能够对Premiere Pro软件有一个较为全面的认识，并能够掌握视频剪辑的技巧，从而胜任电商短视频制作、自媒体短视频制作等方面的工作。

本书具有以下特点。

讲解细致，易学易用：本书从初学者的角度出发，对Premiere Pro软件的常用命令和工具等进行了详细介绍，方便读者循序渐进地学习。

编排科学，结构合理：本书把重点放在Premiere Pro软件的核心技术上，合理利用篇幅，让读者在有限的时间内学到实用的技术。

内容实用，实例丰富：本书不仅对视频剪辑技巧给出了详细的介绍，而且讲解了具体的应用案例，帮助读者在实战中提高水平。

配套丰富，学习高效：本书提供了全书案列的配套素材与源文件，以及教学视频。读者可以对照书中的步骤进行操作，快速进步。对于教师，本书附赠了教学PPT。

## 本书服务

### 1. 微信公众号交流

为了方便读者提问和交流，我们特意建立了微信公众号，欢迎读者关注微信公众号"鼎锐教育服务号"，单击菜单"个人中心"，即可进入"学习问题"频道，交流学习Premiere Pro软件的问题。

### 2. 每周一练

在"鼎锐教育服务号"中设有"每周一练"栏目，方便读者学习。

### 3. 留言和关注最新动态

我们会在"鼎锐教育服务号"中及时发布与本书有关的信息，包括读者答疑、勘误信息等。读者可以随时与我们交流。

## 读者服务

微信扫码回复：42286

- 获取本书配套教学视频、素材、源文件、PPT
- 加入"图形图像"读者交流群，与更多同道中人互动
- 获取【百场业界大咖直播合集】（持续更新），仅需1元

# 目 录

## 第1章 认识Premiere Pro ................................................................. 1

### 1.1 认识Premiere Pro的工作界面 .................................................. 2
### 1.2 自定义工作区 ............................................................................ 3
### 1.3 Premiere Pro的面板 ................................................................. 6
- 1.3.1 "项目"面板 .................................................................. 6
- 1.3.2 "工具"面板 .................................................................. 8
- 1.3.3 "时间轴"面板 .............................................................. 9
- 1.3.4 "监视器"面板 ............................................................ 10
- 1.3.5 "效果控件"面板 ........................................................ 12
- 1.3.6 "效果"面板 ................................................................ 13
- 1.3.7 "旧版标题"窗口 ........................................................ 13
- 1.3.8 "音频剪辑混合器"面板 ............................................ 15
- 1.3.9 "历史记录"面板 ........................................................ 16

### 1.4 视频剪辑的工作流程 .............................................................. 17
- 1.4.1 新建项目 .................................................................... 17
- 1.4.2 新建序列 .................................................................... 18
- 1.4.3 视频剪辑 .................................................................... 21
- 1.4.4 添加视频转场 ............................................................ 25
- 1.4.5 视频调色 .................................................................... 26
- 1.4.6 添加字幕 .................................................................... 29
- 1.4.7 添加背景音乐 ............................................................ 31
- 1.4.8 导出视频 .................................................................... 33

## 第2章 视频剪辑技巧 ......................................................................... 35

### 2.1 序列设置 .................................................................................. 36
- 2.1.1 新建序列 .................................................................... 36
- 2.1.2 创建竖屏视频序列 .................................................... 37
- 2.1.3 "视频号"序列 ............................................................ 39

### 2.2 视频剪辑 .................................................................................. 41
- 2.2.1 粗剪和精剪的方法 .................................................... 41
- 2.2.2 剪辑实战 .................................................................... 42

### 2.3 时间轴嵌套 .............................................................................. 46

## 2.4 关键帧动画 .................................................. 50
## 2.5 使音频匹配视频画面 .................................. 55
## 2.6 视频变速 ...................................................... 57
## 2.7 导出视频和帧图像 ...................................... 59
### 2.7.1 导出视频的流程 ............................... 60
### 2.7.2 导出帧图像的流程 ........................... 62
## 2.8 打包项目 ...................................................... 62

# 第3章 视频过渡 .................................................. 64
## 3.1 视频过渡介绍 .............................................. 65
### 3.1.1 "3D运动"效果 .............................. 65
### 3.1.2 "内滑"效果 .................................. 66
### 3.1.3 "划像"效果 .................................. 68
### 3.1.4 "擦除"效果 .................................. 70
### 3.1.5 "沉浸式视频"效果 ...................... 72
### 3.1.6 "溶解"效果 .................................. 74
### 3.1.7 "缩放"效果 .................................. 78
### 3.1.8 "页面剥落"效果 .......................... 80
## 3.2 视频过渡的应用 .......................................... 82
### 3.2.1 卷轴动画 ........................................... 82
### 3.2.2 白闪镜头 ........................................... 90

# 第4章 视频效果 .................................................. 93
## 4.1 视频效果介绍 .............................................. 94
## 4.2 "变换"效果 .............................................. 94
## 4.3 "扭曲"效果 .............................................. 97
### 4.3.1 "变形稳定器"效果 ...................... 97
### 4.3.2 "变换"效果 .................................. 99
### 4.3.3 "边角定位"效果 ........................ 104
### 4.3.4 "镜像"效果 ................................ 106
## 4.4 "时间"效果 ............................................ 108
## 4.5 "杂色与颗粒"效果 ................................ 109
## 4.6 "模糊与锐化"效果 ................................ 111
## 4.7 "沉浸式视频"效果 ................................ 115

## 目 录

4.8 "生成"效果 ... 117
4.9 "视频"效果 ... 121
4.10 "过渡"效果 ... 124
4.11 "透视"效果 ... 129
4.12 "通道"效果 ... 130
4.13 "风格化"效果 ... 132
  4.13.1 "查找边缘"效果 ... 133
  4.13.2 "马赛克"效果 ... 134

### 第5章 混合模式、蒙版与键控 ... 137

5.1 混合模式 ... 138
  5.1.1 "下雨"效果合成 ... 138
  5.1.2 "双重曝光"效果合成 ... 141
  5.1.3 "轨道遮罩键"效果合成 ... 142
  5.1.4 "关键帧"效果合成 ... 145
5.2 蒙版 ... 151
  5.2.1 蒙版的使用方法 ... 151
  5.2.2 "一人饰两角"效果制作 ... 154
  5.2.3 蒙版跟踪 ... 157
  5.2.4 "人物字幕条"效果制作 ... 161
  5.2.5 抖音短视频结尾的"关注"效果制作 ... 170
5.3 键控 ... 180
  5.3.1 "亮度键"效果 ... 180
  5.3.2 "轨道遮罩键"效果 ... 183
  5.3.3 "差值遮罩"效果 ... 185
  5.3.4 "超级键"效果 ... 187

### 第6章 视频调色 ... 192

6.1 "图像控制"效果 ... 193
  6.1.1 "灰度系数校正"效果 ... 193
  6.1.2 "颜色平衡（RGB）"效果 ... 194
  6.1.3 "颜色替换"效果 ... 196
  6.1.4 "颜色过滤"效果 ... 196
  6.1.5 "黑白"效果 ... 197

## 6.2 "颜色校正"效果 ... 198
### 6.2.1 "ASC CDL"效果 ... 199
### 6.2.2 "亮度与对比度"效果 ... 200
### 6.2.3 "保留颜色"效果 ... 201
### 6.2.4 "均衡"效果 ... 203
### 6.2.5 "更改为颜色"和"更改颜色"效果 ... 204
### 6.2.6 "色彩"效果 ... 205
### 6.2.7 "通道混合器"效果 ... 206
### 6.2.8 "颜色平衡"和"颜色平衡(HLS)"效果 ... 208
## 6.3 Lumetri 颜色 ... 209
### 6.3.1 基本校正 ... 210
### 6.3.2 曲线 ... 212
### 6.3.3 色轮和匹配 ... 214
### 6.3.4 HSL辅助 ... 215
## 6.4 电影级的LUT预设 ... 217
## 6.5 调色案例 ... 219
### 6.5.1 "色相饱和度曲线"调色案例 ... 219
### 6.5.2 "色轮和匹配"与"RGB曲线"调色案例 ... 223

# 第7章 音频效果 ... 226
## 7.1 音频效果简介 ... 227
### 7.1.1 音频效果控件 ... 227
### 7.1.2 对音频添加关键帧 ... 227
## 7.2 "音频过渡"效果 ... 228
## 7.3 音频效果的使用方法 ... 229
### 7.3.1 "振幅与压限"效果 ... 230
### 7.3.2 "延迟与回声"效果 ... 232
### 7.3.3 "滤波器和EQ"效果 ... 233
### 7.3.4 "调制"效果 ... 234
### 7.3.5 "降噪/恢复"效果 ... 234
### 7.3.6 "混响"效果 ... 236
### 7.3.7 特殊效果 ... 236
### 7.3.8 "立体声声像"效果 ... 237
### 7.3.9 "时间与变调"效果 ... 237
## 7.4 "基本声音"的运用 ... 237
### 7.4.1 统一音频中的响度 ... 238

| | | |
|---|---|---|
| | 7.4.2 修复对话音轨 | 238 |
| | 7.4.3 提高对话轨道的清晰度 | 239 |
| | 7.4.4 SFX处理音频 | 240 |
| | 7.4.5 "回避"效果 | 241 |
| | 7.4.6 创建"预设"效果 | 241 |
| 7.5 | 声道转换 | 242 |
| | 7.5.1 将单声道转换为立体声 | 242 |
| | 7.5.2 将立体声转换为单声道 | 244 |
| 7.6 | 录制声音 | 245 |
| 7.7 | 声音的变调 | 246 |
| 7.8 | 音频的变速 | 248 |
| 7.9 | 音频处理效果 | 250 |
| **第8章** | **文字字幕** | **254** |
| 8.1 | 文字工具 | 255 |
| 8.2 | 旧版标题 | 256 |
| | 8.2.1 创建字幕 | 256 |
| | 8.2.2 滚动字幕 | 259 |
| | 8.2.3 游动字幕 | 264 |
| 8.3 | 开放式字幕 | 265 |
| 8.4 | 基本图形 | 269 |
| 8.5 | "基本图形"模板 | 273 |
| | 8.5.1 图形模板 | 273 |
| | 8.5.2 文字图形模板 | 274 |
| | 8.5.3 动态图形模板 | 276 |
| 8.6 | "分屏"效果制作 | 281 |
| **第9章** | **插件** | **291** |
| 9.1 | Shine插件 | 292 |
| 9.2 | Starglow插件 | 295 |
| 9.3 | Mojo插件 | 299 |
| 9.4 | Looks插件 | 301 |
| 9.5 | Beauty Box插件 | 304 |
| 9.6 | Beat Edit插件 | 309 |

# 第10章 综合案例 ..... 311

## 10.1 商品短视频制作 ..... 312
### 10.1.1 视频剪辑 ..... 312
### 10.1.2 视频调色 ..... 318
### 10.1.3 视频转场 ..... 320
### 10.1.4 视频节奏 ..... 321
### 10.1.5 字幕 ..... 322
### 10.1.6 渲染视频 ..... 327
### 10.1.7 将视频发布到电商平台 ..... 328

## 10.2 水墨短视频制作 ..... 329
### 10.2.1 创建嵌套序列 ..... 329
### 10.2.2 视频合成 ..... 333
### 10.2.3 制作合成效果 ..... 338
### 10.2.4 添加背景音乐 ..... 344
### 10.2.5 渲染视频 ..... 345
### 10.2.6 将视频发布到快手平台 ..... 346

## 10.3 相册动画制作 ..... 348
### 10.3.1 第1个镜头制作 ..... 348
### 10.3.2 第2个镜头制作 ..... 359
### 10.3.3 效果合成 ..... 364

## 10.4 音乐卡点短视频制作 ..... 369
### 10.4.1 短视频合成 ..... 369
### 10.4.2 转场效果 ..... 377
### 10.4.3 渲染视频 ..... 389
### 10.4.4 将视频发布到抖音平台 ..... 390

# 第1章
## 认识Premiere Pro

本章主要介绍Premiere Pro软件的基础知识，帮助读者熟悉该软件的工作界面、自定义工作区等，使读者掌握视频剪辑的工作流程，以及对添加视频转场、添加字幕、添加背景音乐和导出视频等内容有一个整体的认识。

Premiere Pro 影视后期编辑：
短视频制作实战宝典

# 1.1 认识Premiere Pro的工作界面

Premiere Pro是一款优秀的影视后期编辑软件，它可以帮助用户对视频进行剪辑、添加特效、添加字幕等。Premiere Pro软件的启动界面如图1-1所示。

图1-1

启动Premiere Pro软件后，进入该软件的工作界面。该工作界面主要由标题栏、菜单栏、"节目"面板、"监视器"面板、"项目"面板、"时间轴"面板等多个控制面板组成，如图1-2所示。

图1-2

标题栏：用于显示软件版本、文件名称和文件保存位置的信息。

菜单栏：包括文件、编辑、剪辑、序列、标记、图形、视图、窗口和帮助菜单。

"效果控件"面板：可以在该面板中调整视频效果的参数，如运动、不透明度和时间重映射等属性。

"监视器"面板：可以在该面板中预览和剪辑素材文件，为素材文件设置入点和出点，并指定剪辑的源轨道。

"音频剪辑混合器"面板：可以在该面板中对音频的左右声道进行处理。

"项目"面板：可以在该面板中导入和管理素材文件。

"媒体浏览器"面板：可以在该面板中查找或者浏览计算机中的素材文件。

"工具"面板：用于编辑"时间轴"面板中的素材文件。

"时间轴"面板：用于剪辑素材文件，并为视频和音频提供存放轨道。

"音频"面板：用于显示混合声道音量大小。

## 1.2 自定义工作区

Premiere Pro软件提供了自定义工作区，在默认状态下包含面板组和独立面板，用户可以根据操作习惯设置不同的工作区。在菜单栏中执行"窗口">"工作区"命令，打开"工作区"菜单，包括编辑、所有面板、作品、元数据记录、学习、效果、图形、库、组件、音频和颜色工作区，如图1-3所示。

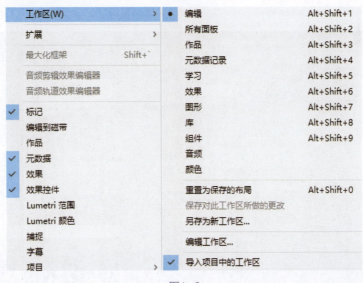

图1-3

如果选择"效果"工作区，即可将工作区改为"效果"工作区，如图1-4所示。

图1-4

在一般情况下,我们可以根据自己的习惯对工作区进行重新排列。Premiere Pro软件的面板可以进行停靠、分组和浮动等操作,当按住鼠标左键并拖动面板时,放置区的颜色会比其他区的颜色亮一些,如图1-5所示。

图1-5

当把面板拖动到放置区时,Premiere Pro软件会根据放置区的类型进行停靠分组。

第1章 认识Premiere Pro

在拖动面板时按"Ctrl"键,可以使面板自由浮动。

在面板名称的右边单击 ≡ "面板"按钮,会弹出一个快捷菜单,可以在该快捷菜单中执行"浮动面板"命令,如图1-6所示。

将鼠标光标放置在两个面板之间的隔条上,鼠标光标会变为 ⇔ ,此时按住鼠标左键并进行拖动,会改变鼠标光标两侧面板的大小,如图1-7所示。

图1-6

图1-7

如果想同时调整多个面板,则可以将鼠标光标放置在多个面板的交叉位置,此时的鼠标光标会变为 ✣ ,按住鼠标左键并进行拖动,即可改变多个面板的大小,如图1-8所示。

自定义工作区后,在菜单栏中执行"窗口">"工作区>"另存为新工作区"命令,会弹出"新建工作区"窗口,填写工作区的名称,单击"确定"按钮,即可保存工作区,如图1-9所示。

图1-8

图1-9

## 1.3 Premiere Pro的面板

下面介绍Premiere Pro软件的常用面板，方便我们熟练使用该软件。

### 1.3.1 "项目"面板

"项目"面板用于显示、存放和导入素材文件，如图1-10所示。

预览区："项目"面板上部的预览区可以对选择的素材文件进行预览，如果是音频，则会显示音频的时长和频率等信息。

素材显示区：用于存放素材文件和序列文件。

项目可写：单击该按钮，可以将项目切换为只读模式。

列表视图：单击该按钮，可以将"项目"面板中的素材文件以列表的形式显示。

图标视图：单击该按钮，可以将"项目"面板中的素材文件以图标的形式显示。

自由变换视图：单击该按钮，可以将"项目"面板中的素材文件以自由变换视图的形式显示。

第1章 认识Premiere Pro

自动匹配序列：单击该按钮，可以将"项目"面板中的素材文件按顺序排列。
查找：单击该按钮，会弹出"查找"窗口，可以查找所需的文件。
新建素材箱：单击该按钮，可以在"项目"面板中新建一个文件夹，方便管理素材文件。
新建项：单击该按钮，会弹出"新建"快捷菜单，如图1-11所示。
删除：单击该按钮，可以删除不需要的素材。

图1-10

在"项目"面板单击鼠标右键，在弹出的快捷菜单中执行"导入"命令，如图1-12所示。或者在菜单栏中执行"文件">"导入"命令，可以将计算机中的素材文件导入"项目"面板。

 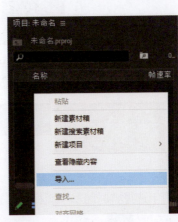

图1-11　　　　　图1-12

单击"项目"面板右边的 ≡ "面板"按钮，如图1-13所示。会弹出一个快捷菜单，执行"预览区域"命令，可以在"项目"面板显示素材文件的预览图，如图1-14所示。

图1-13

图1-14

## 1.3.2 "工具"面板

"工具"面板主要用于编辑"时间轴"面板中的素材文件，如图1-15所示。

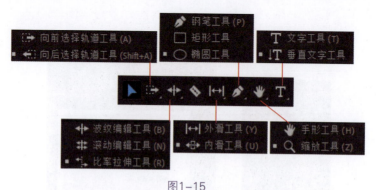

图1-15

选择工具：用于选择"时间轴"面板中的素材文件，快捷键为"V"键。

向前选择轨道工具/向后选择轨道工具：用于选择箭头方向的全部素材文件。

## 第1章 认识Premiere Pro

波纹编辑工具：用于调整素材文件的长度，将素材文件缩短时，时间轴轨道后面的素材文件会自动地向前移动。

滚动编辑工具：用于在更改素材文件的出点和入点时，相邻素材文件的出点和入点也会跟着改变。

比率拉伸工具：用于更改素材文件的长度和速率。

剃刀工具：用于剪辑素材文件，按住"Shift"键可以同时在多轨道对素材文件进行剪辑。

外滑工具：用于改变所选素材文件的入点和出点。

内滑工具：用于改变相邻素材文件的入点和出点。

钢笔工具：可以在"节目"面板中绘制不规则的形状。

矩形工具：可以在"节目"面板中绘制矩形形状。

椭圆工具：可以在"节目"面板中绘制椭圆形状。

手形工具：按住鼠标左键可以在"节目"面板中移动素材文件的位置。

缩放工具：可以放大或者缩小"时间轴"面板中的素材。

文字工具：可以在"节目"面板输入文字。

垂直文字工具：可以在"时间轴"面板输入直排文字。

### 1.3.3 "时间轴"面板

在"时间轴"面板中可以编辑素材文件，以及为素材文件添加转场、视频效果、字幕效果等，如图1-16所示。

图1-16

`00:01:00:00` 播放指示器位置：用于显示当前时间线所在的位置。

当前时间指示：单击并拖动该滑块即可显示当前素材文件所在的时间。

切换轨道锁定：单击此按钮，即可停止使用对应的轨道。

切换同步锁定：单击此按钮，即可限制在剪辑期间的轨道转移。

切换轨道输出：单击此按钮，即可隐藏该轨道的素材文件。

静音轨道：单击此按钮，音频轨道会将当前的声音静音。

独奏轨道：单击此按钮，该轨道可成为独奏轨道。

画外音录制：单击此按钮，可以进行声音录制。

轨道音量：其数值越大，轨道音量越大。

更改缩进级别：可以更改时间轴的缩放级别。

视频轨道：可以在视频轨道中编辑图像序列和静帧图像等素材文件，在默认状态下是3个视频轨道——V1、V2和V3。可以在"时间轴"面板单击鼠标右键，在弹出的快捷菜单中执行"添加轨道"或"删除轨道"命令，如图1-17所示。

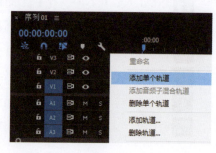

音频轨道：可以在轨道中编辑音频，在默认状态下是3个音频轨道——A1、A2和A3。

图1-17

## 1.3.4 "监视器"面板

"监视器"面板主要用于对素材文件进行预览，可以设置素材文件的入点和出点、改变静帧图像的持续时间和设置标记等，如图1-18所示。

图1-18

第1章 认识Premiere Pro

在默认状态下是双显示模式，双显示模式是由"监视器"面板和"节目"面板组成的，可以方便、快捷地编辑视频，选择时间轴中带有特效的素材文件，此时"节目"面板即可显示当前的文件效果，如图1-19所示。

图1-19

在"节目"面板右下角单击 ![+] 按钮，接着在弹出的"按钮编辑器"面板中选择需要的按钮，并将其拖动到工具栏中，如图1-20所示。

图1-20

![] 标记入点：单击该按钮，可以设置素材文件的入点，按住"Alt"键并再次单击该按钮，即可取消设置。

![] 标记出点：单击该按钮，可以设置素材文件的出点。

![] 添加标记：将时间线拖动到相应位置，单击该按钮，可为素材文件添加标记。

![] 转到入点：单击该按钮，时间线会自动跳转到入点位置。

![] 转到出点：单击该按钮，时间线会自动跳转到出点位置。

![] 从入点到出点播放视频：单击该按钮，可以播放从入点到出点的视频。

![] 转到上一标记：单击该按钮，可以将时间线调整到上一个标记点位置。

![] 转到下一标记：单击该按钮，可以将时间线调整到下一个标记点位置。

![] 后退一帧：单击该按钮，时间线会跳转到当前帧的上一帧位置。

![] 前进一帧：单击该按钮，时间线会跳转到当前帧的下一帧位置。

▶ 播放/停止按钮：单击该按钮，播放时间轴上的素材文件，再次单击该按钮即可停止播放。

▶│ 播放临近区域：单击该按钮，可以播放时间线附近的素材文件。

↻ 循环：单击该按钮，可以将当前的素材文件循环播放。

▣ 安全边框：单击该按钮，可以在画面周围显示安全框。

⇲ 插入：单击该按钮，可以将正在编辑的素材文件插入到当前位置。

⇲ 覆盖：单击该按钮，可以将正在编辑的素材文件覆盖当前位置。

▦ 切换为多机位视图：单击该按钮，可以将"监视器"面板切换为多机位视图。

## 1.3.5 "效果控件"面板

在"时间轴"面板中，如果不选择素材文件，则"效果控件"面板为空。如果在"时间轴"面板中选择素材文件，则可在"效果控件"面板中调整素材文件的参数，如图1-21所示。"效果控件"面板的参数主要包括运动、不透明度等。

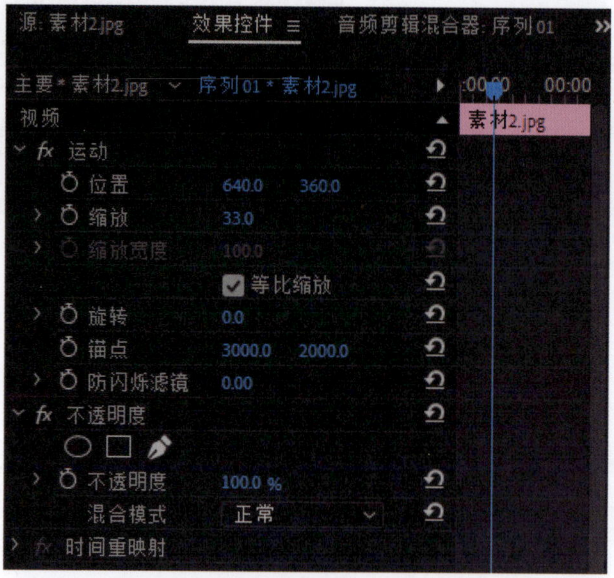

图1-21

"运动"参数包括位置、缩放、旋转、锚点、防闪烁滤镜；"不透明度"参数包括不透明度和混合模式。这些参数名称前带有 ⏱ "切换动画"按钮，说明这些参数可以为素材文件添加关键帧，制作关键帧动画。

## 1.3.6 "效果"面板

"效果"面板可以对时间轴上的素材文件添加效果和转场,如图1-22所示。

在"效果"面板中选择合适的视频效果,按住鼠标左键并将其拖动到素材文件上,即可为素材文件添加效果,如图1-23所示。

图1-22

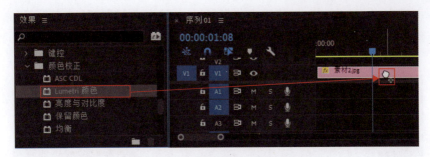

图1-23

添加效果之后,可以在"效果控件"面板调整参数,如图1-24所示。

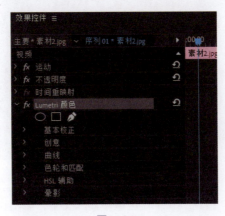

图1-24

## 1.3.7 "旧版标题"窗口

在"旧版标题"窗口可以编辑文字或者图形,可以为其添加投影和描边等。在菜单栏中执行"文件">"新建">"旧版标题"命令，会弹出"新建字幕"窗口，如图1-25所示。

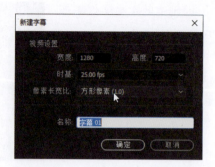

图1-25

单击"确定"按钮，进入"旧版标题"窗口。"旧版标题"窗口包括字幕、字幕工具栏、字幕对齐栏、旧版标题样式、旧版标题属性栏，如图1-26所示。

图1-26

单击 T "文字工具"按钮，在工作区域中输入文字，如图1-27所示。

输入文字后单击该窗口右上角的"关闭"按钮，可以关闭"旧版标题"窗口，字幕文件将在"项目"面板中显示，如图1-28所示。

第1章 认识Premiere Pro

图1-27

图1-28

## 1.3.8 "音频剪辑混合器"面板

在"音频剪辑混合器"面板可以调整音频的声道、效果和音频的录制,如图1-29所示。

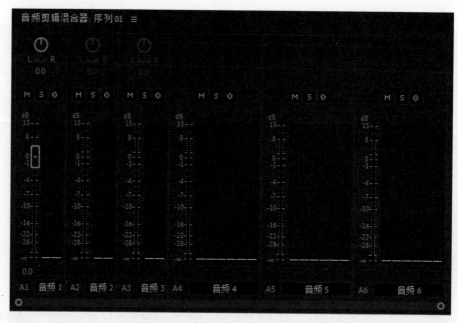

图1-29

■表示静音轨道　　■表示独奏轨道

■表示写关键帧　　■通过上下拖动该滑块可以控制音量的大小

## 1.3.9 "历史记录"面板

"历史记录"面板用于记录操作过的步骤,可以在"历史记录"面板中选择想要回到的步骤,如图1-30所示。

图1-30

在"历史记录"面板单击鼠标右键,在弹出的快捷菜单中执行"设置"命令,如图1-31所示,会弹出"历史记录设置"窗口,可以设置历史记录状态,如图1-32所示。

第1章 认识Premiere Pro

图1-31　　　　　　　　图1-32

## 1.4 视频剪辑的工作流程

下面介绍使用Premiere Pro软件进行视频剪辑的工作流程，包括新建项目、新建序列、剪辑视频文件、添加视频转场、视频调色、添加字幕、添加背景音乐和导出视频。

### 1.4.1 新建项目

下面介绍使用Premiere Pro软件新建项目及导入素材文件的方法。

Step 01：打开Premiere Pro软件，在菜单栏中执行"文件">"新建">"项目"命令，弹出"新建项目"窗口，输入项目的名称，如图1-33所示。

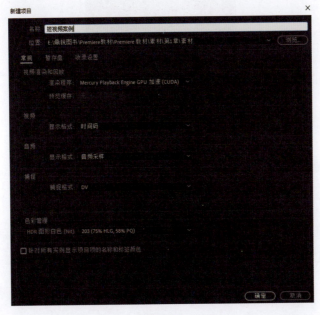

图1-33

Step 02：单击"确定"按钮，创建项目，如图1-34所示。

Step 03：在"项目"面板单击鼠标右键，在弹出的快捷菜单中执行"导入"命令，会弹出"导入"窗口，如图1-35所示。

图1-34　　　　　　　　　　图1-35

Step 04：选择需要的素材文件，单击"打开"按钮，即可将素材文件导入"项目"面板，如图1-36所示。

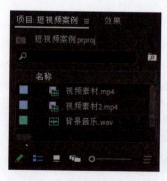

图1-36

## 1.4.2　新建序列

下面介绍新建序列和设置序列的方法。

Step 01：在菜单栏中执行"文件">"新建">"序列"命令，会弹出"新建序列"窗口，如图1-37所示。

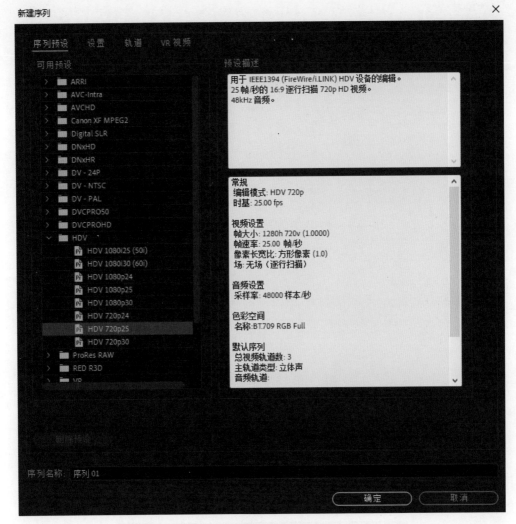

图1-37

　　Step 02：可以在"序列预设"选项卡中选择需要的序列，如果需要自定义序列，则可以单击"设置"选项卡。在"编辑模式"中选择"自定义"，将"帧大小"设为"720 水平，1280 垂直"，"像素长宽比"设为"方形像素比(1.0)"，如图1-38所示。

　　Step 03：单击"确定"按钮，创建序列，"时间轴"面板效果如图1-39所示。

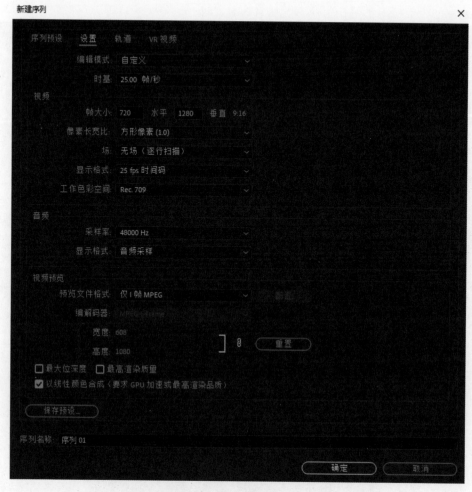

图1-38

图1-39

## 1.4.3 视频剪辑

下面介绍使用Premiere Pro软件剪辑视频的方法。

Step 01：在"项目"面板选择视频，将其拖动到时间轴的轨道V1上，弹出"剪辑不匹配警告"对话框，如图1-40所示。

图1-40

Step 02：单击"保持现有设置"按钮，将视频添加到时间轴，如图1-41所示。

图1-41

Step 03：在"时间轴"面板选择视频，即可在"节目"面板中预览视频，如图1-42所示。

Step 04：该视频的上下有黑边，在"效果控件"面板调整参数，将"缩放"设为120，如图1-43所示。

Step 05：按空格键播放视频，可以查看视频效果，如图1-44所示。

Step 06：将视频播放到00:00:05:16，按空格键暂停，在工具箱中选择"剃刀工具"，在时间轴上将视频剪辑为两段，如图1-45所示。

图1-42

图1-43

图1-44

第1章　认识Premiere Pro

图1-45

Step 07：使用"选择工具"选择后面一段视频，单击鼠标右键，在弹出的快捷菜单中执行"清除"命令，删除后面一段视频，如图1-46所示。

图1-46

Step 08：在"项目"面板将"视频素材2"拖动到时间轴中的"视频素材"后面，如图1-47所示。

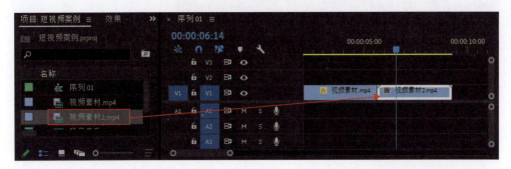

图1-47

Step 09：在时间轴上选择"视频素材2"，在"效果控件"面板调整参数，将"缩放"设为120，将"位置"的水平参数设为275，如图1-48所示。

23

图1-48

Step 10：按空格键播放视频，预览视频效果，也可以将不需要的视频片段删除。

Step 11：将视频播放到00:00:06:22，使用"剃刀工具"对"视频素材2"进行剪辑，如图1-49所示。

Step 12：在时间轴上选择中间一段的视频，单击鼠标右键，在弹出的快捷菜单中执行"波纹删除"命令，如图1-50所示。

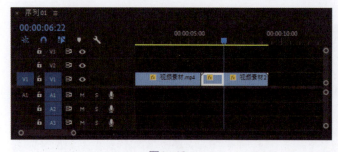

图1-49

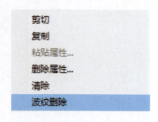

图1-50

Step 13：删除中间一段的视频后，"时间轴"面板效果如图1-51所示。

第1章 认识Premiere Pro

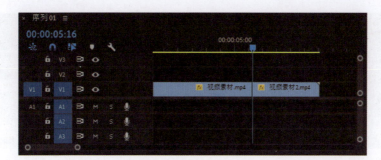

图1-51

## 1.4.4 添加视频转场

下面介绍添加视频转场的方法,视频转场主要用于在视频之间增加过渡效果。

Step 01:在"效果"面板展开"视频过渡"下的"溶解"效果,如图1-52所示。

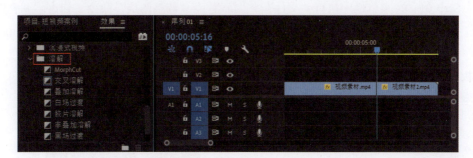

图1-52

Step 02:将"交叉溶解"效果拖动到"视频素材"的开头,如图1-53所示。

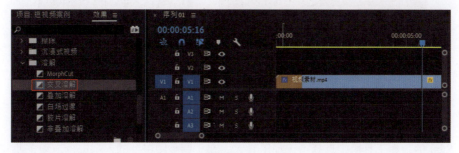

图1-53

Step 03:同样可以将"交叉溶解"效果拖动到"视频素材"的中间和末端,如图1-54所示。

25

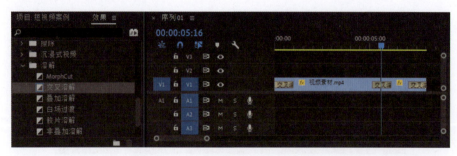

图1-54

至此，就完成了添加视频转场，也可以按此方法添加其他的视频转场。

## 1.4.5 视频调色

下面介绍为视频调整颜色的方法。

Step 01：在菜单栏中执行"文件">"新建">"调整图层"命令，弹出"调整图层"窗口，如图1-55所示。

Step 02：调整参数后单击"确定"按钮，创建后的"调整图层"显示在"项目"面板中，如图1-56所示。

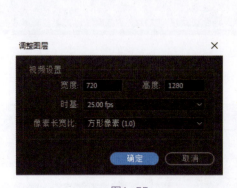
图1-55

图1-56

Step 03：将"调整图层"拖动到时间轴的轨道V2上，如图1-57所示。

Step 04：在工具箱中选择"选择工具"，在"调整图层"的末端进行拖动，使"调整图层"的时间和"视频素材"的时间相等，如图1-58所示。

调整后的"时间轴"面板效果如图1-59所示。

Step 05：在"效果"面板选择"Lumetri 颜色"效果，并将其拖动到"调整图层"，如图1-60所示。

第1章 认识Premiere Pro

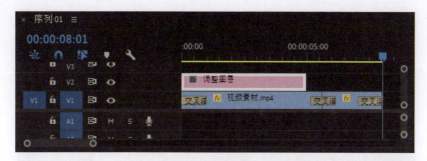

图1-57

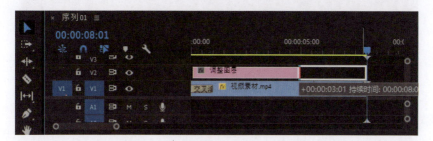

图1-58

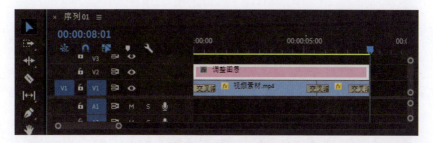

图1-59

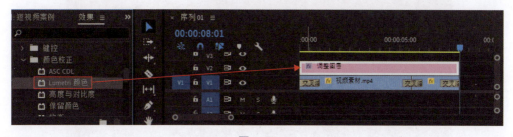

图1-60

Step 06：在"效果控件"面板调整参数，将"色温"设为12，"色彩"设为8，"阴影"设为12，"白色"设为11，"黑色"设为-3，如图1-61所示。

图1-61

Step 07：展开"Lumetri 颜色"效果下的"曲线"，选择"白色"通道，然后对白色曲线进行调整，如图1-62所示。

图1-62

Step 08：选择"红色"通道，调整红色曲线，如图1-63所示。

第1章 认识Premiere Pro

图1-63

我们可以使用"Lumetri 颜色"效果对视频进行整体调色。

## 1.4.6 添加字幕

下面介绍使用Premiere Pro软件的"字幕预设"功能来添加字幕。

Step 01：在菜单栏中执行"图形">"安装动态图形模板"命令，会弹出"打开"窗口，如图1-64所示。

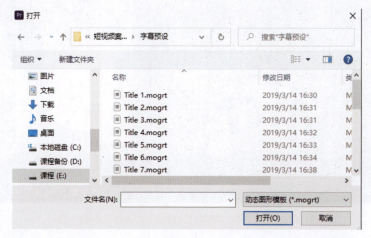

图1-64

Step 02：选择Title 1.mogrt文件，将其打开并进行安装。

Step 03：在菜单栏中执行"窗口">"基本图形"命令，会打开"基本图形"面板，如图1-65所示。

Step 04：选择"Box Title 1"，并将其拖动到"时间轴"面板，如图1-66所示。

图1-65

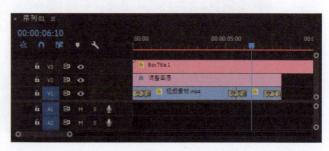

图1-66

Step 05：在"效果控件"面板调整参数，可以修改Text_1和Text_2的文本内容，将"Scale Control"设为50，如图1-67所示。

图1-67

第1章　认识Premiere Pro

Step 06：将"运动"参数的"位置"设为（340,1086），如图1-68所示。

图1-68

Step 07：在工具箱中选择"剃刀工具"，在"时间轴"面板对"Box Title 1"进行剪辑，保留00:00:03:00的字幕文字动画，如图1-69所示。

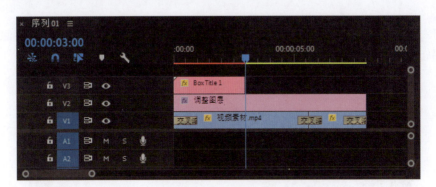

图1-69

至此，我们就完成了通过"字幕预设"功能来添加字幕。

## 1.4.7　添加背景音乐

下面介绍使用Premiere Pro软件添加背景音乐的方法。

Step 01：在"项目"面板将"背景音乐"拖动到"时间轴"面板，如图1-70所示。

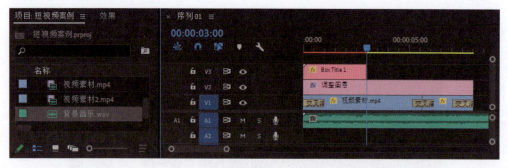

图1-70

Step 02：使用"剃刀工具"对"背景音乐"进行剪辑，如图1-71所示。

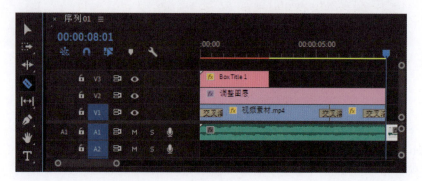

图1-71

Step 03：使用"选择工具"选择右侧的一段音乐，单击鼠标右键，在弹出的快捷菜单中执行"清除"命令，删除该音乐，如图1-72所示。

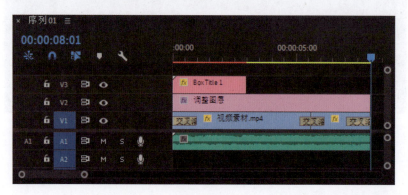

图1-72

Step 04：在"效果"面板选择"音频过渡"下的"恒定功率"效果，并将其拖动到"背景音乐"的开始位置和结束位置，如图1-73所示。

# 第1章 认识Premiere Pro

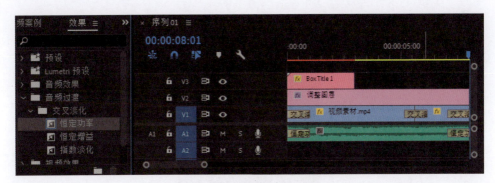

图1-73

Step 05：这样可以给"背景音乐"添加过渡效果，在菜单栏中执行"文件">"保存"命令，保存文件。

## 1.4.8 导出视频

下面介绍使用Premiere Pro软件导出视频的方法。

Step 01：在菜单栏中执行"文件">"导出">"媒体"命令，打开"导出设置"窗口，如图1-74所示。

图1-74

Step 02：单击"格式"按钮，可以选择文件的保存格式，如图1-75所示。

图1-75

> 提示：在一般情况下，选择H.264格式，渲染后的视频格式为MP4格式。

Step 03：在"输出名称"位置单击，可以设置保存视频的位置。

Step 04：单击"导出"按钮，弹出"编码 序列 01"对话框，显示渲染视频剩余时间，如图1-76所示。

图1-76

渲染完成后，即可播放视频。至此，我们就掌握了使用Premiere Pro软件剪辑视频的工作流程。

# 第2章
## 视频剪辑技巧

拍摄视频之后就需要进入剪辑环节,本章将介绍视频的整理、粗剪、精剪等方法,以及带你学习Premiere Pro软件的剪辑工具。

## 2.1 序列设置

下面介绍常用的序列设置,在一般情况下,我们新建的序列为HDV 720p。注意,抖音短视频的尺寸需要自定义尺寸。

### 2.1.1 新建序列

新建序列是在新建项目的基础上进行的,可以根据素材文件的大小选择合适的序列类型。下面介绍HDV 720p序列的创建方法。

Step 01:打开Premiere Pro软件,在菜单栏中执行"文件">"新建">"项目"命令,新建项目。然后在"项目"面板导入素材文件,如图2-1所示。

Step 02:在菜单栏中执行"文件">"新建">"序列"命令,会弹出"新建序列"窗口,选择"HDV 720p25",如图2-2所示。

图2-1

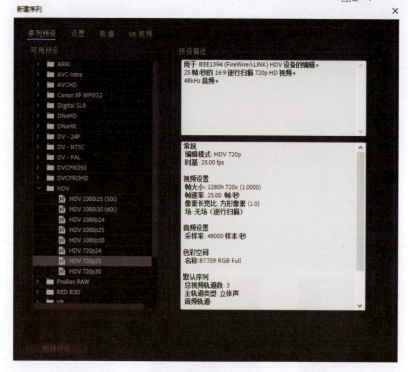

图2-2

## 第2章 视频剪辑技巧

Step 03：设置序列的名称，选择序列的编辑模式，单击"确定"按钮，创建序列。

Step 04：可以将"项目"面板中的素材文件拖动到"时间轴"面板进行剪辑，"节目"面板效果如图2-3所示。

Step 05：在"效果控件"面板设置参数，将"位置"设为（310,360），"缩放"设为42，如图2-4所示。

图2-3

图2-4

在后文中，当我们新建序列时都可以采用这样的方法。

## 2.1.2 创建竖屏视频序列

在剪辑视频之前，需要先确定视频的序列，像快手、抖音平台以竖屏视频序列为主，下面介绍创建竖屏视频序列的方法。

Step 01：在"项目"面板单击"新建项"按钮，在弹出的快捷菜单中执行"序列"命令，会弹出"新建序列"窗口，将"编辑模式"设为"自定义"，"时基"设为25.00帧/秒,"帧大小"设为"1080 水平,1920 垂直","像素长宽比"设为"方形像素(1.0)",如图2-5所示。

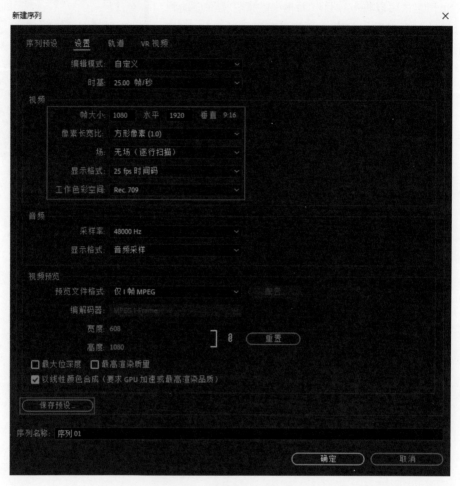

图2-5

Step 02:单击"保存预设"按钮,弹出"保存序列预设"窗口,如图2-6所示。

Step 03:在"名称"和"描述"中输入文本,单击"确定"按钮,保存序列预设。

在"新建序列"窗口中单击"确定"按钮,然后将"项目"面板中的素材文件拖动到"时间轴"面板,"节目"面板效果如图2-7所示。

第2章 视频剪辑技巧

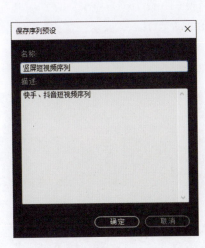

图2-6

图2-7

Step 04：在"效果控件"面板设置参数，将"位置"设为（67,960），"缩放"设为64，如图2-8所示。

图2-8

提示：高清横屏视频序列的画面比例为16∶9，高清竖屏视频序列的画面比例为9∶16，以后在制作竖屏视频时，可以采用这种方法创建序列。

## 2.1.3 "视频号"序列

视频号可以使用竖屏视频序列或者横屏视频序列，下面采用6∶7的画面比例。

Step 01：在"项目"面板单击"新建项"按钮，在弹出的快捷菜单中执行"序列"命令，弹出"新建序列"窗口，将"编辑模式"设为"自定义"，"时基"设为25.00帧/秒，"帧大小"设为（1200水平，1400垂直），"像素长宽比"设为"方形像素(1.0)"，如图2-9所示。

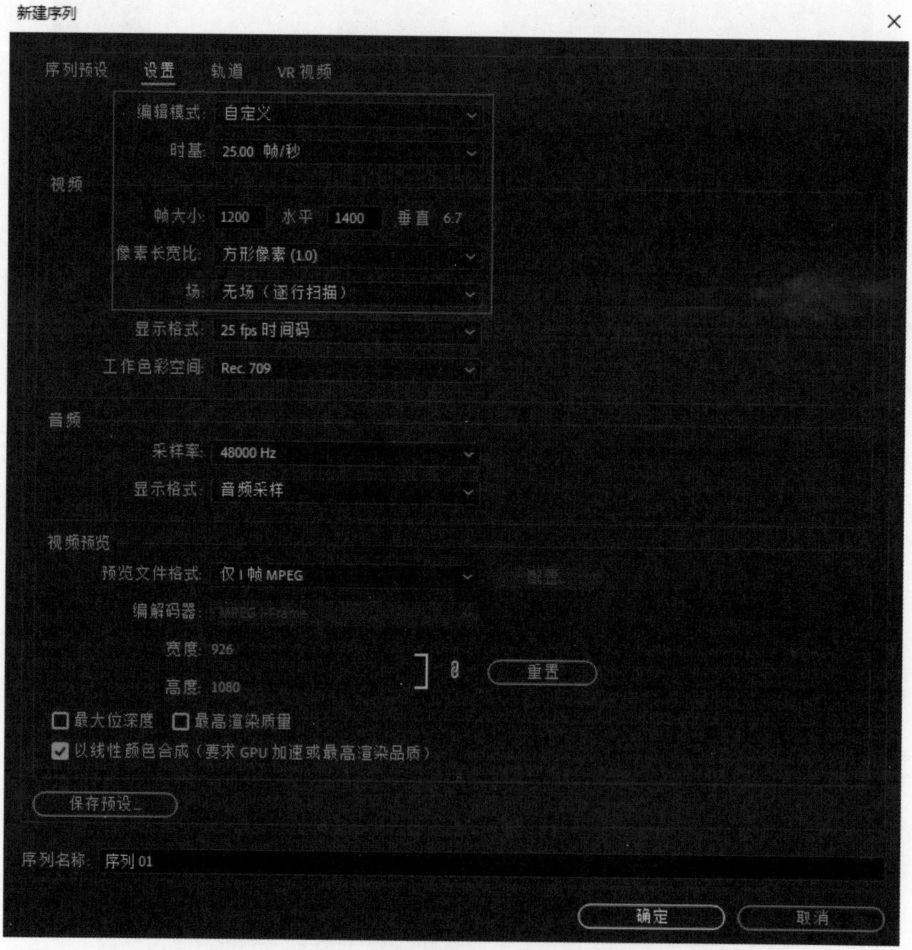

图2-9

Step 02：单击"确定"按钮，创建序列，将"项目"面板中的素材文件拖动到"时间轴"面板，"节目"面板效果如图2-10所示。

图2-10

## 2.2 视频剪辑

下面介绍视频剪辑的方法,在"项目"面板导入视频,然后在"时间轴"面板进行剪辑。

### 2.2.1 粗剪和精剪的方法

下面介绍粗剪和精剪的方法。当我们拿到视频时,首先需要多看视频,根据项目要求对视频进行粗剪,然后对粗剪后的视频进行精剪。

**1. 粗剪**

比如根据音乐节奏结合视频,将完成度高的镜头按照剪辑的思路进行排列组合,将无效的镜头删除,尽量保留与画面内容相符的镜头,"时间轴"面板效果如图2-11所示。

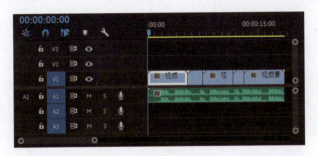

图2-11

## 2. 精剪

在粗剪的基础上对每个镜头做进一步细化，包括剪辑点的选择、镜头长度的处理、音乐节奏点的把握和过渡效果的添加。精剪并不是一次就完成的，还需要进行多次修改，直到符合项目的要求为止，"时间轴"面板效果如图2-12所示。

图2-12

### 2.2.2 剪辑实战

下面介绍在"项目"面板导入视频，并将其放在"时间轴"面板进行剪辑的实战案例。

Step 01：打开Premiere Pro软件，在菜单栏中执行"文件">"新建">"项目"命令，新建项目，导入素材文件，如图2-13所示。

Step 02：在菜单栏中执行"文件">"新建">"序列"命令，新建序列，将"项目"面板中的素材文件拖动到"时间轴"面板，如图2-14所示。

图2-13

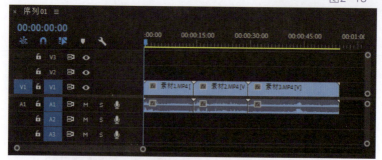

图2-14

Step 03：在"时间轴"面板选择"素材1"，在菜单栏中执行"剪辑">"取消链接"命令，可以将"素材1"的视频和音频分开，然后将"素材2"和"素材3"的视频和音频分开。

Step 04：选择时间轴上的所有音频，在菜单栏中执行"编辑">"清除"命令，删除音频，如图2-15所示。

图2-15

Step 05：在时间轴上选择"素材1"，在"效果控件"面板调整参数，将"缩放"设为68，如图2-16所示。

图2-16

Step 06：按空格键播放视频，我们需要将剪辑后的视频控制在00:00:15:00。

Step 07：在工具箱中选择"剃刀工具"，在00:00:04:00对"视频1"进行剪辑，如图2-17所示。

图2-17

Step 08：在时间轴上选择第2段视频，在菜单栏中执行"编辑">"波纹删除"命令，可以直接将该视频删除，如图2-18所示。

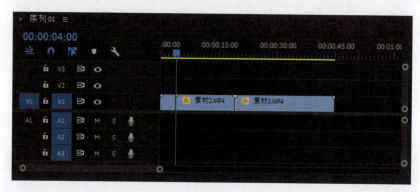

图2-18

Step 09：再次播放视频，查看视频效果。将时间线移动到00:00:08:00，使用"剃刀工具"进行剪辑，如图2-19所示。

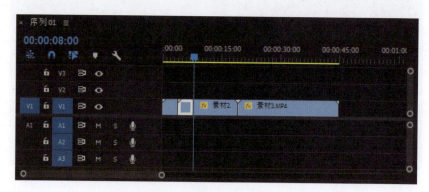

图2-19

Step 10：在时间轴上选择第3段视频，在菜单栏中执行"编辑">"波纹删除"命令，删除第3段视频，如图2-20所示。

第2章　视频剪辑技巧

图2-20

Step 11：将时间线移动到00:00:15:00，使用"剃刀工具"进行剪辑，如图2-21所示。

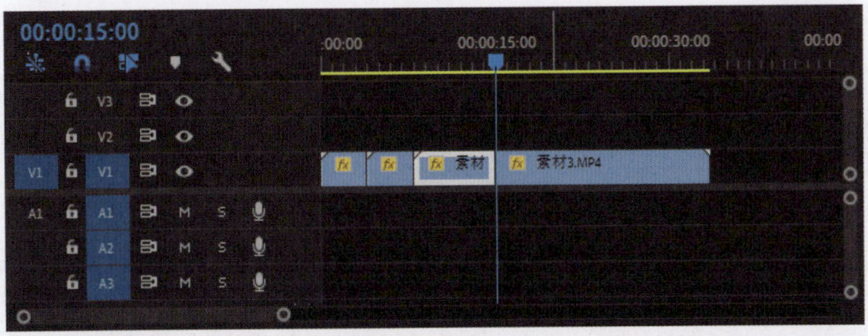

图2-21

Step 12：在时间轴上选择第4段视频，在菜单栏中执行"编辑">"波纹删除"命令，删除第4段视频，如图2-22所示。

图2-22

这里介绍了Premiere Pro软件的剪辑工具，使用"剃刀工具"剪辑视频，快捷键为"C"键，对不需要的视频可以执行"波纹删除"命令来删除视频。还可以使用"缩放工具"对时间轴进行缩放，快捷键为"Z"键，这样可以更好地预览视频效果。

## 2.3 时间轴嵌套

在Premiere Pro软件中可以在一个项目文件中创建多个时间轴序列，而且可以将时间轴像素材文件一样放置到另一个时间轴中。即可以将一个时间轴或者多个时间轴嵌套在另一个时间轴中，这样方便编辑时间轴。

Step 01：打开Premiere Pro软件，在菜单栏中执行"文件">"新建">"项目"命令，新建项目，导入素材文件，如图2-23所示。

Step 02：在菜单栏中执行"文件">"新建">"序列"命令，新建序列，将素材文件拖动到"时间轴"面板，如图2-24所示。

图2-23

图2-24

Step 03：在时间轴上选择"素材1"，单击鼠标右键，在弹出的快捷菜单中执行"嵌套"命令，如图2-25所示。

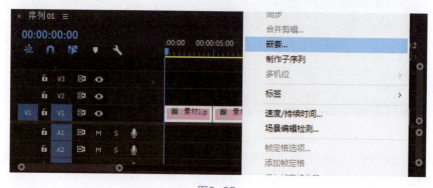

图2-25

Step 04：弹出"嵌套序列名称"对话框，如图2-26所示。单击"确定"按钮，"时间轴"面板上的"嵌套序列01"如图2-27所示。

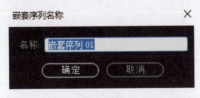

图2-26

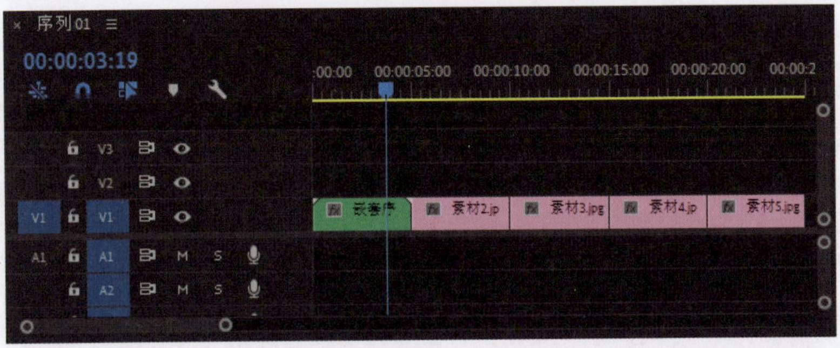

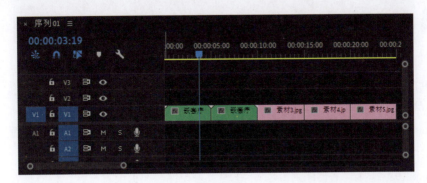

图2-27

Step 05：选择"素材2"，单击鼠标右键，在弹出的快捷菜单中执行"嵌套"命令，创建"嵌套序列02"，如图2-28所示。

图2-28

Step 06：使用同样的方法，分别对"素材3"、"素材4"和"素材5"创建嵌套序列，"时间轴"面板效果如图2-29所示。

Step 07：选择"嵌套序列01"，在"效果控件"面板设置参数，将"位置"设为（363,130.3），"缩放"设为28，如图2-30所示。

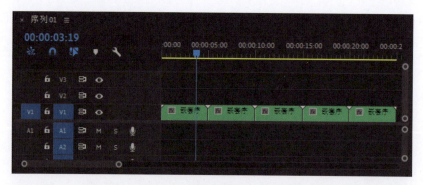

图2-29

图2-30

Step 08：选择"嵌套序列02"，在"效果控件"面板设置参数，将"位置"设为（364,356.8），"缩放"设为28，如图2-31所示。

Step 09：选择"嵌套序列03"，在"效果控件"面板设置参数，将"位置"设为（364,585.9），"缩放"设为28，如图2-32所示。

Step 10：选择"嵌套序列04"，在"效果控件"面板设置参数，将"位置"设为（873.4,188.3），"缩放"设为45，如图2-33所示。

Step 11：选择"嵌套序列05"，在"效果控件"面板设置参数，将"位置"设为（877.2,530.7），"缩放"设为45，如图2-34所示。

Step 12：在"时间轴"面板将"嵌套序列02"移动到轨道V2上，将"嵌套序列03"移动到轨道V3上，将"嵌套序列04"移动到轨道V4上，将"嵌套序列05"移动到轨道V5上，如图2-35所示。

第2章 视频剪辑技巧

图2-31

图2-32

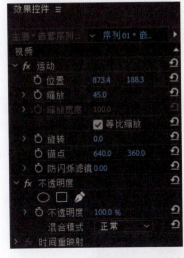

图2-33

图2-34

图2-35

"节目"面板的效果如图2-36所示。

图2-36

在"时间轴"面板双击"嵌套序列",即可进入时间轴序列,可以对序列中的素材文件添加关键帧动画。

## 2.4 关键帧动画

下面介绍在不同的时间设置不同的参数,使素材文件在播放时随着时间变化而形成动画效果,然后添加关键帧动画,制作电子相册。

Step 01:打开Premiere Pro软件,新建项目,将项目名称命名为"电子相册",导入素材文件和背景音乐,如图2-37所示。

图2-37

第2章 视频剪辑技巧

Step 02：在菜单栏中执行"文件">"新建">"序列"命令，打开"新建序列"窗口，如图2-38所示。

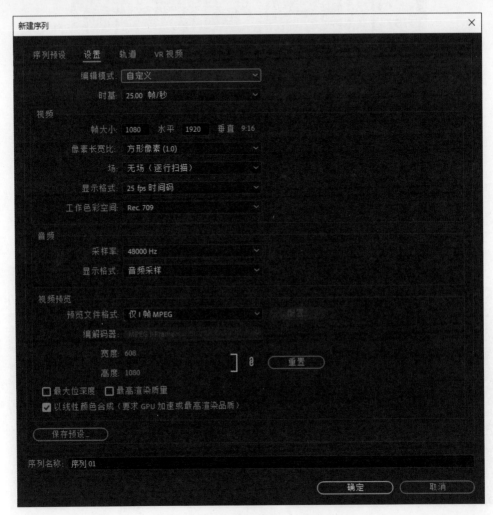

图2-38

Step 03：设置完参数后，单击"确定"按钮，创建序列。

Step 04：在"项目"面板选择素材文件，依次将素材文件拖动到"时间轴"面板，如图2-39所示。

51

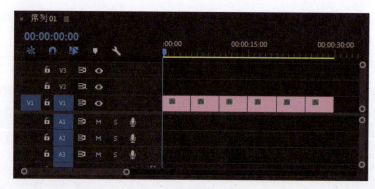

图2-39

"节目"面板效果如图2-40所示。

Step 05：在时间轴上选择第1个素材文件，在"效果控件"面板设置参数，将"位置"设为（687,960），"缩放"设为55，在"位置"前单击 ⊙ "切换动画"按钮，给"位置"添加关键帧，如图2-41所示。

图2-40

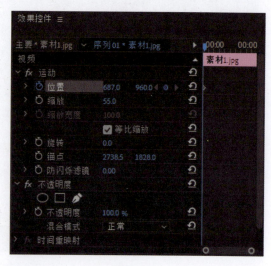

图2-41

Step 06：在"缩放"前单击 ⊙ "切换动画"按钮，给"缩放"添加关键帧，"节目"面板效果如图2-42所示。

Step 07：将时间线移动到00:00:04:18，在"效果控件"面板设置参数，将"位置"设为（1345,883.3），"缩放"设为95.3，将自动添加"位置"和"缩放"的关键帧，如图2-43所示。

第2章 视频剪辑技巧

图2-42

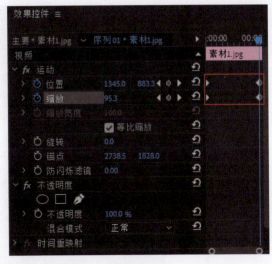

图2-43

"节目"面板效果如图2-44所示。

Step 08：将时间线移动到开始位置，按空格键播放动画，即可查看动画效果。

Step 09：在时间轴上选择第2个素材文件，将时间线移动到00:00:05:01，如图2-45所示。

图2-44

图2-45

Step 10：在"效果控件"面板设置参数，将"位置"设为（500,960），"缩放"设为48，在"位置"和"缩放"前单击 "切换动画"按钮，添加关键帧，如图2-46所示。

Step 11：将时间线移动到00:00:09:18，将"位置"设为（453,960），"缩放"设为118，如图2-47所示。

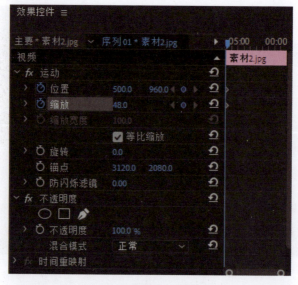

图2-46

图2-47

这样就完成了给第2个素材文件添加关键帧动画,"节目"面板效果如图2-48所示。

Step 12:使用同样的方法,给第3个到第6个素材文件添加关键帧动画。

关键帧动画在短视频的制作过程中用得比较多,主要通过单击"位置"、"缩放"、"旋转"和"不透明度"等属性前的 "切换动画"按钮来添加关键帧。

图2-48

## 2.5 使音频匹配视频画面

下面介绍如何分析音频,然后查看其音频轨道的波形图和监听音频内容,并在适合的位置为其添加标记。在标记处放置相应的视频,就能够使音频匹配视频画面,这样可以让剪辑工作更加便捷。

Step 01:打开Premiere Pro软件,在菜单栏中执行"文件">"新建">"项目"命令,新建项目,在"项目"面板导入素材文件,如图2-49所示。

Step 02:在"项目"面板"将"背景音乐"拖动到"时间轴"面板,如图2-50所示。

图2-49

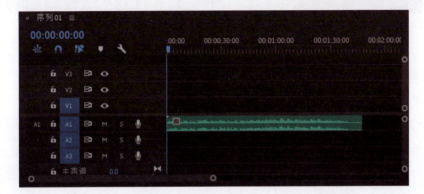

图2-50

Step 03：按空格键播放音频，可以监听音频的内容，调整轨道A1的高度，可以看到音频的波纹图，如图2-51所示。

图2-51

Step 04：按空格键播放音频，同时按"M"键可以在音频上添加标记，如图2-52所示。

图2-52

Step 05：在音频上添加标记之后，可以在"项目"面板将素材文件拖动到"时间轴"面板，可以根据音频标记位置编辑素材文件，调整素材文件的时间长度，"时间轴"面板效果如图2-53所示。

通过这样的方法可以使音频和视频进行结合，达到"音画"匹配的效果。

这里介绍了如何查看音频的波纹图，在监听音频的同时按"M"键对音频添加标记，在时间轴上设置音频匹配视频的同时，可以根据标记点所在的位置调整视频。

图2-53

## 2.6 视频变速

视频变速主要使用了"时间重置"功能,可以对同一段素材文件进行速度快慢的控制,素材文件的长度也会随着速度的变化在时间轴中自动调整。

Step 01:打开Premiere Pro软件,在菜单栏中执行"新建">"文件">"项目"命令,新建项目,在"项目"面板导入素材文件。

Step 02:在菜单栏中执行"文件">"新建">"序列"命令,新建序列,将"项目"面板中的素材文件拖动到"时间轴"面板,如图2-54所示。

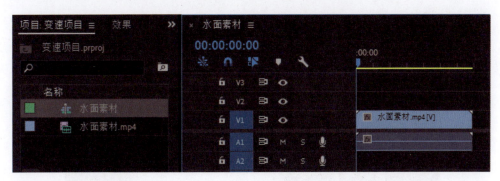

图2-54

Step 03:将时间线移动到00:00:00:15,在时间轴上选择素材文件,在"效果控件"面板展开"时间重映射",单击"速度"右侧的"添加/移除关键帧"按钮,添加一个关键帧,如图2-55所示。

Step 04:在时间轴的素材文件上单击鼠标右键,在弹出的快捷菜单中执行"显示剪辑关键帧">"时间重映射">"速度"命令,在时间轴的轨道V1上拉高轨道的高度,如图2-56所示。

图2-55

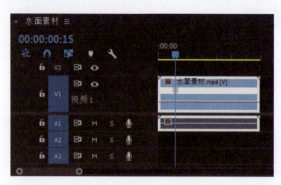

图2-56

Step 05：在开始位置添加关键帧，将时间线移动到00:00:01:15，添加一个速度关键帧。

Step 06：将时间线移动到00:00:02:20，添加一个关键帧，如图2-57所示。

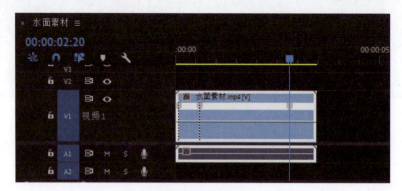

图2-57

Step 07：使用"移动工具"将00:00:00:15的速度指示线向上拖动，提高速度，整个素材文件的长度会相应缩短，如图2-58所示。

第2章 视频剪辑技巧

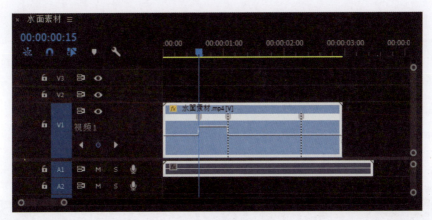

图2-58

Step 08：按空格键播放视频，即可看到视频的变速效果。此处看到的是直接提高速度，速度的关键帧标记分为前后两个部分，调整这两个部分的位置，效果如图2-59所示。

图2-59

Step 09：再次播放视频，可以看到前后两个部分的速度是逐渐产生变化的，由正常速度变快。

本节通过速度的关键帧来调整视频变速，速度的关键帧标记分为前后两个部分，相当于速度变化的入点和出点，这两个部分之间的距离越远，速度变化越趋于平缓。

## 2.7 导出视频和帧图像

下面介绍导出视频和帧图像的流程。

## 2.7.1 导出视频的流程

当我们在"导出设置"窗口中设置完导出属性时,单击"导出"按钮,会立即导出相应的视频项目,也可以使用 Adobe Media Encoder 插件导出视频。

Step 01:打开项目文件,在"时间轴"面板或"节目"面板中选择序列。

Step 02:在菜单栏中执行"文件">"导出">"媒体"命令,打开"导出设置"窗口,如图2-60所示。

图2-60

在"导出设置"窗口中可以指定要导出的序列或剪辑的"源范围",拖动工作区域栏上的手柄,单击 ▲ "设置入点"按钮和 ▲ "设置出点"按钮。

在"导出设置"窗口中勾选"与序列设置匹配"复选框,从Premiere Pro软件的序列中导出与该序列设置完全匹配的文件。

Step 03:设置文件的格式为"H.264",单击"输出名称",可以设置文件保存的位置和名称。

Step 04:单击"队列"按钮。打开Adobe Media Encoder插件的界面,此时序列已

第2章 视频剪辑技巧

经被添加到队列中了,如图2-61所示。

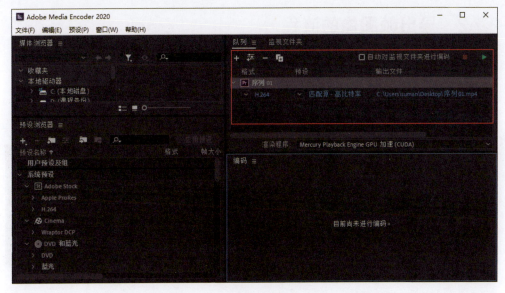

图2-61

Step 05:可以在界面右侧的"队列"面板中设置文件的"格式",以及设置"输出文件"的保存位置。

Step 06:单击 ▶ "启动队列"按钮,可以对视频进行导出,如图2-62所示。

图2-62

61

Step 07：导出完毕后，即可播放视频。

### 2.7.2 导出帧图像的流程

通过"监视器"面板和"节目"面板中的 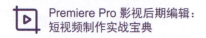 "导出帧"按钮，可以快速导出帧图像。

Step 01：在Premiere Pro软件中打开项目，将"时间播放指示器"移动到所需的剪辑或序列上。

Step 02：单击 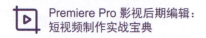 "导出帧"按钮，会弹出"导出帧"窗口，如图2-63所示。

Step 03：可以设置"名称"，然后在"格式"下拉菜单中选择所需格式。

Step 04：单击"确定"按钮，保存帧图像。

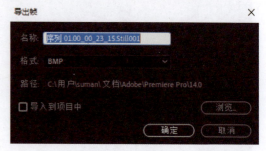

图2-63

## 2.8 打包项目

我们可以将整个项目存储在各个位置的素材文件收集起来，并将其打包到一个文件夹中，以便查看和管理。

Step 01：在菜单栏中执行"文件">"项目管理器"命令，打开"项目管理器"窗口，如图2-64所示。

Step 02：在"项目管理器"窗口的"序列"下，可以选择需要打包的序列。

Step 03：在"生成项目"中选择"收集文件并复制到新位置"，可以将用于所选序列的素材文件收集并复制到新的文件夹中。

Step 04：在"目标路径"可以指定项目管理器保存文件的位置。单击"浏览"按钮，可以选择保存文件的位置。

Step 05：单击"确定"按钮，可以将素材文件进行打包。

制作一个项目经常会调用大量的素材文件，而这些素材文件可能会分布在不同的文件夹中，要想整理这些素材文件，打包项目是一个很好的方法。

第2章 视频剪辑技巧

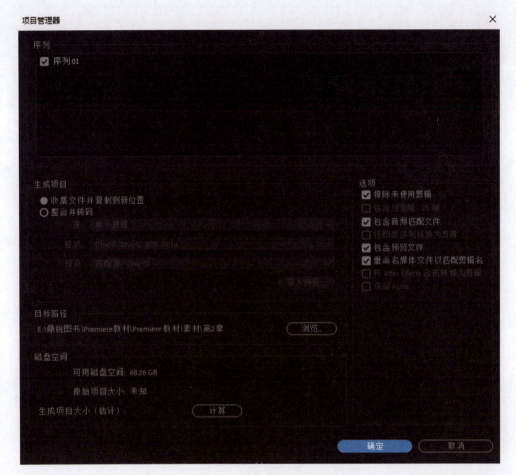

图2-64

# 第3章
## 视频过渡

视频过渡是短视频制作中必备的技能,它可以将两段视频更好地进行融合过渡,也可以对视频的开头和结尾进行过渡。本章将介绍视频过渡的使用方法。

## 3.1 视频过渡介绍

视频过渡也称为视频转场，主要用于在视频与视频之间添加画面过渡，在播放视频时会产生平缓的视觉效果，能够增加画面的氛围感。视频过渡在"效果"面板中包括8种效果，如图3-1所示。

视频过渡的效果主要包括3D运动、内滑、划像、擦除、沉浸式视频、溶解、缩放和页面剥落。

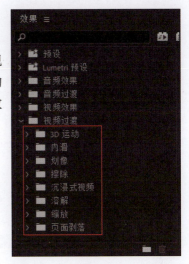

图3-1

### 3.1.1 "3D运动"效果

"3D运动"效果可以将两个相邻的视频进行层次划分，实现从二维到三维过渡的效果。该效果包括立方体旋转和翻转两种过渡效果，如图3-2所示。

图3-2

**立方体旋转**：可以将视频在过渡中制作出空间立方体的效果。

**翻转**：以画面中心为垂直轴线，使视频A逐渐翻转消失，并渐渐显示视频B。

如果在两段视频之间添加过渡效果，在"效果控件"面板会显示其属性，如图3-3所示。

图3-3

A和B分别代表前后两段视频。

## 3.1.2 "内滑"效果

"内滑"效果主要通过画面滑动来进行视频A和视频B的过渡，该效果包括中心拆分、内滑、带状内滑、急摇、拆分和推，如图3-4所示。

中心拆分：可以将视频A切分成4个部分，并分别将其向画面的4个角移动，直至画面显示视频B为止。

内滑：将视频B由左向右进行滑动，直至完全覆盖视频A为止。

带状内滑：将视频B以细长的条形覆盖在视频A上方，并由画面左右两侧向中间滑动。

急摇：可以将视频A快速模糊移动到视频B。

拆分：可以将视频A从画面中间分开向两侧滑动并逐渐显示视频B。

推：将视频B由左向右滑动进入画面，直至覆盖视频A为止。

下面我们使用"带状内滑"效果制作一个过渡效果。

Step 01：打开Premiere Pro软件，新建项目，在"项目"面板导入"素材1"，如图3-5所示。

图3-4

图3-5

Step 02：将"素材1"拖动到"时间轴"面板，创建序列，如图3-6所示。

Step 03：在菜单栏中执行"文件">"新建">"颜色遮罩"命令，会弹出"新建遮罩"窗口，单击"确定"按钮。然后弹出"拾色器"窗口，选择"白色"，单击"确定"按钮，会弹出"选择名称"窗口，如图3-7所示。

第3章 视频过渡

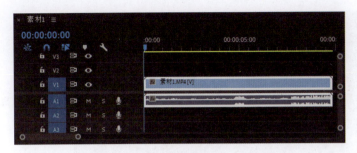
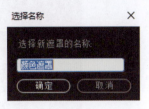

图3-6　　　　　　　　　　　图3-7

Step 04：输入名称后单击"确定"按钮，创建"颜色遮罩"，在"项目"面板将"颜色遮罩"拖动到"时间轴"面板，如图3-8所示。

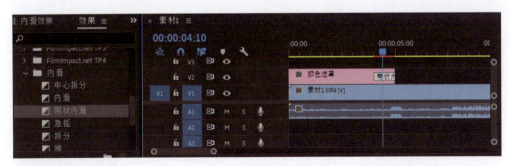

图3-8

Step 05：打开"效果"面板，选择"带状内滑"效果，并将其拖动到"颜色遮罩"的末端，如图3-9所示。

图3-9

Step 06：在"时间轴"面板选择"带状内滑"效果，在"效果控件"面板调整"带状内滑"效果的参数，将"持续时间"设为00:00:02:00，如图3-10所示。

Step 07：单击"自定义"按钮，会弹出"带状内滑设置"窗口，将"带数量"设为16，如图3-11所示。

67

图3-10

图3-11

Step 08：单击"确定"按钮，按空格键播放视频，即可查看过渡效果。

## 3.1.3 "划像"效果

"划像"效果包括交叉划像、圆划像、盒形划像和菱形划像，可以将视频A伸展并逐渐切换到视频B，如图3-12所示。

交叉划像：可将视频A逐渐从画面中间分裂，向画面四角伸展直至显示出视频B为止。

圆划像：在播放视频B时会以圆形的呈现方式逐渐扩大到视频A上方。

图3-12

盒形划像：在播放视频B时会以矩形逐渐扩大到视频A的画面中，直到完全显示出视频B为止。

菱形划像：在播放视频B时会以菱形出现在视频A上方并逐渐扩大，直至视频B占据整个画面为止。

下面介绍使用"圆划像"效果制作"圆形遮罩"效果的案例。

Step 01：打开Premiere Pro软件，导入"素材2"，将"素材2"拖动到"时间轴"面板，如图3-13所示。

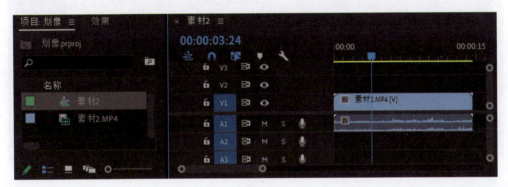

图3-13

Step 02：打开"效果"面板，选择"圆划像"效果，并将其拖动到时间轴上"素材2"的开始位置，如图3-14所示。

Step 03：在"效果控件"面板将"持续时间"设为00:00:05:00，将"开始"和"结束"都设为48，如图3-15所示。

Step 04：按空格键播放视频，可以看到整个圆形在画面中间，相当于望远镜的效果，这种过渡效果在影视中常见到。

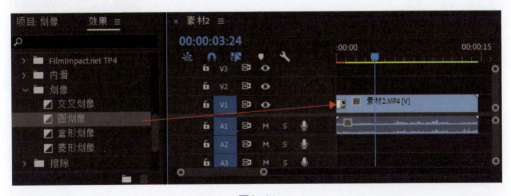

图3-14

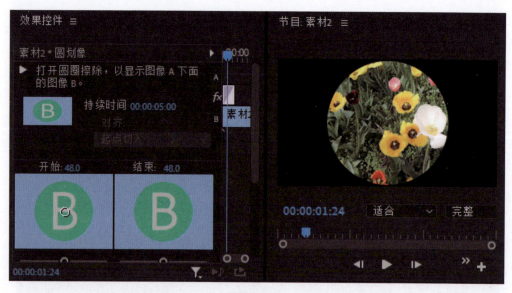

图3-15

## 3.1.4 "擦除"效果

"擦除"效果可以将视频呈现出擦除过渡出现的效果，该效果包括划出、双侧平推门、带状擦除、径向擦除、插入、时钟式擦除、棋盘、棋盘擦除、楔形擦除、水波块、油漆飞溅、渐变擦除、百叶窗、螺旋框、随机块、随机擦除、风车，如图3-16所示。

划出：在播放时会使视频A从左到右逐渐划出，直至视频A完全消失为止，并显示视频B。

双侧平推门：在播放时会使视频A从画面中间向两边推去，逐渐显示视频B，直至视频B填充整个画面为止。

带状擦除：将视频B以条状形态出现在画面两侧，由画面两侧不断向中间运动，直至视频A消失为止。

径向擦除：以画面左上角为中心点，顺时针擦除视频A，并逐渐显示视频B。

图3-16

插入：将视频B由视频A的画面左上角慢慢延伸到画面中间，直至覆盖整个画面为止。

时钟式擦除：在播放时会使视频A以时针旋转的方式进行画面旋转擦除，直至显示视频B为止。

棋盘：使视频B以方块的形式逐渐呈现在视频A上方，直至视频A完全被视频B覆盖为止。

棋盘擦除：使视频B以棋盘的形式进行画面擦除，直至显示视频A为止。

楔形擦除：使视频B以扇形逐渐呈现在视频A中，直至视频A被视频B全部覆盖为止。

水波块：使视频A以水波形式横向擦除，直至画面呈现出视频B为止。

油漆飞溅：可以将视频B以油漆点状呈现在视频A上方，直至视频B覆盖全部画面为止。

渐变擦除：在播放时可以将视频A淡化，直至完全显示视频B为止。

百叶窗：用于模拟百叶窗动态的效果。

螺旋框：可以将视频B以螺旋形状逐渐呈现在视频A上方。

随机块：可以将视频B以多个形状方块呈现在视频A上方。

随机擦除：可以将视频B由上而下随机以方块的形式擦除视频A。

风车：用于模拟风车旋转的"擦除"效果。

下面介绍使用"百叶窗"效果制作过渡动画。

Step 01：打开Premiere Pro软件，新建项目，在"项目"面板导入"素材"，如图3-17所示。

Step 02：在菜单栏中执行"文件">"新建">"颜色遮罩"命令，将"颜色"设为"白色"，新建白色的"颜色遮罩"。

Step 03：在菜单栏中执行"文件">"新建">"序列"命令，新建序列，将"颜色遮罩"拖动到时间轴的轨道V1上，将"素材"拖动到时间轴的轨道V2上，如图3-18所示。

图3-17

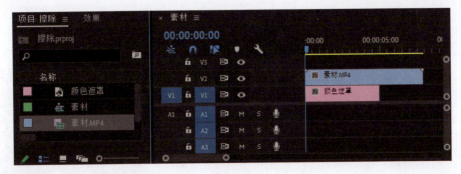

图3-18

Step 04：在"效果"面板选择"百叶窗"效果，并将其拖动到时间轴的轨道V2的"素材"上，如图3-19所示。

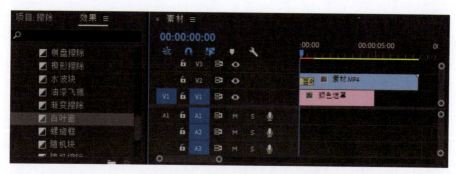

图3-19

Step 05：在"效果控件"面板调整"百叶窗"效果参数，在"百叶窗设置"窗口中将"带数量"设为16，如图3-20所示。

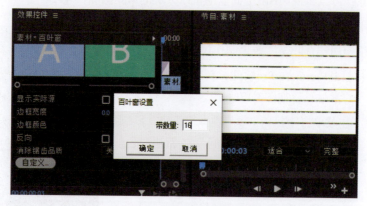

图3-20

Step 06：单击"确定"按钮，按空格键播放视频，可以看到设置后的"百叶窗"过渡动画的效果。

## 3.1.5 "沉浸式视频"效果

"沉浸式视频"效果可以将两个视频以沉浸式的方式进行过渡，包括VR光圈擦除、VR光线、VR渐变擦除、VR漏光、VR球形模糊、VR色度泄漏、VR随机块、VR默比乌斯缩放，如图3-21所示。

VR光圈擦除：用于模拟相机拍摄时的光圈擦除效果。

VR光线：用于模拟VR沉浸式光线效果。

VR渐变擦除：用于模拟VR沉浸式画面渐变擦除效果。

图3-21

VR漏光：用于调整VR沉浸式画面的光感。

VR球形模糊：用于模拟VR沉浸式中模糊球形的应用。

VR色度泄漏：用于调整画面中VR沉浸式的颜色。

VR随机块：用于调整VR沉浸式画面的状态。

VR默比乌斯缩放：用于调整VR沉浸式画面的效果。

下面介绍使用"VR球形模糊"效果制作过渡动画。

Step 01：打开Premiere Pro软件，新建项目，导入"素材"，将"素材"拖动到"时间轴"面板，创建序列，如图3-22所示。

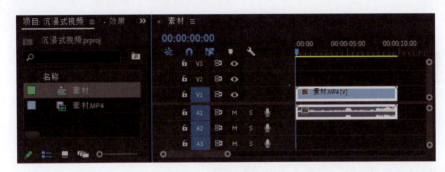

图3-22

Step 02：在"效果"面板选择"VR球形模糊"效果，并将其拖动到时间轴的"素材"上，如图3-23所示。

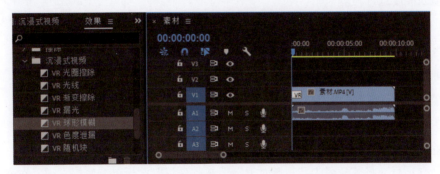

图3-23

Step 03：在"效果控件"面板调整"VR球形模糊"效果参数，将"模糊强度"设为50，"曝光"设为50，如图3-24所示。

Step 04：按空格键播放视频，即可看到"VR球形模糊"效果的过渡动画。

图3-24

## 3.1.6 "溶解"效果

"溶解"效果可以将画面从视频A过渡到视频B，其过渡效果柔和，该效果包括MorphCut、交叉溶解、叠加溶解、白场过渡、胶片溶解、非叠加溶解和黑场过渡，如图3-25所示。

MorphCut：可以修改视频之间的跳帧现象。

交叉溶解：使视频A的结束部分与视频B的开始部分交叉，直至完全显示视频B为止。

叠加溶解：使视频A的结束部分与视频B的开始部分叠加，在视频过渡时会对画面的色调及亮度进行调整。

白场过渡：使视频A逐渐变为白色，再由白色过渡到视频B。

胶片溶解：使视频A的透明度逐渐降低，直至显示视频B为止。

非叠加溶解：在视频过渡时会将视频B中较明亮的部分直接叠加到视频A中。

黑场过渡：使视频A逐渐变为黑色，再由黑色逐渐过渡到视频B。

下面介绍在视频中添加"交叉溶解"效果的案例。

Step 01：打开Premiere Pro软件，在菜单栏中执行"文件">"新建">"项目"命令，新建项目，将其命名为"视频过渡"。在"项目"面板单击鼠标右键，在弹出的快捷菜单中执行"导入"命令，导入素材文件，如图3-26所示。

Step 02：在菜单栏中执行"文件">"新建">"序列"命令，新建序列，将序列的"编辑模式"设为HDV 720p25，将"项目"面板中的素材文件按顺序拖动到"时间轴"面板，如图3-27所示。

Step 03：为素材文件添加过渡效果，在"效果"面板展开"溶解"效果。

第3章　视频过渡

Step 04：按住鼠标左键，将"交叉溶解"效果拖动到两个素材文件的中间，如图3-28所示。

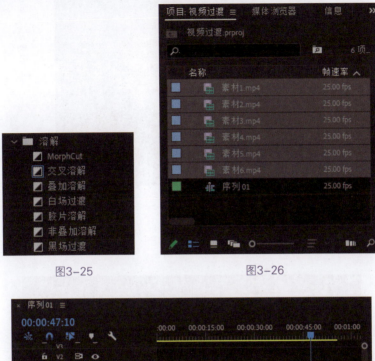

图3-25　　　　　　　　图3-26

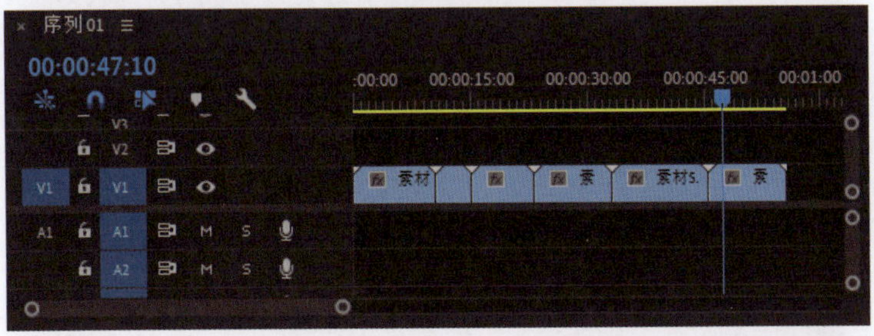

图3-27

图3-28

Step 05：按空格键播放视频，在"节目"面板中预览过渡效果，如图3-29所示。

75

图3-29

Step 06：在时间轴上选择"交叉溶解"效果，在"效果控件"面板查看"交叉溶解"效果的参数，如图3-30所示。

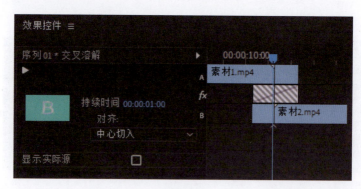

图3-30

Step 07：在"效果控件"面板可以设置"持续时间"，用于设置过渡效果的时长，在"对齐"下可以选择两段素材文件的对齐方式，对齐方式有中心切入、起点切入、终点切入。在一般情况下，使用"中心切入"，然后编辑过渡效果，如图3-31所示。

Step 08：在"效果控件"面板右侧，可以用鼠标拖动过渡效果的长度，如图3-32所示。

图3-31

第3章 视频过渡

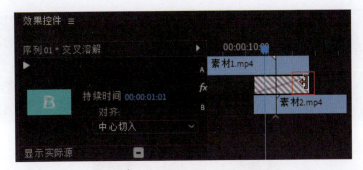

图3-32

Step 09：如果不想要这个过渡效果，可以在时间轴上选择该过渡效果，单击鼠标右键，在弹出的快捷菜单中执行"清除"命令，删除该过渡效果，如图3-33所示。

图3-33

Step 10：使用同样的方法，在两段素材文件之间添加"交叉溶解"效果，如图3-34所示。

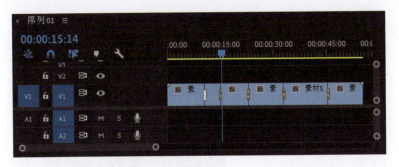

图3-34

Step 11：按空格键播放视频，可以看到素材文件之间的过渡效果，如图3-35所示。

这里主要在两段素材文件之间添加了"交叉溶解"效果，这样可以让第1段素材文件慢慢溶解过渡到第2段素材文件，"交叉溶解"效果是常用的过渡效果之一。

77

图3-35

## 3.1.7 "缩放"效果

"缩放"效果可以将视频A和视频B以缩放的形式进行视频过渡,该效果只包括"交叉缩放"效果,如图3-36所示。

"交叉缩放"效果可以将视频A不断放大,直至移出画面为止,同时视频B会由大到小地进入画面。"交叉缩放"效果也可以使两个视频之间的切换逐渐递进。下面介绍视频"交叉缩放"效果制作视频过渡的方法。

Step 01:打开Premiere Pro软件,在菜单栏中执行"文件">"新建">"项目"命令,新建项目,将"素材1"和"素材2"导入"项目"面板,如图3-37所示。

图3-36

图3-37

Step 02:在菜单栏中执行"文件">"新建">"序列"命令,新建序列,将序列的"编辑模式"设为HDV 720p。

Step 03：在"项目"面板选择"素材1"和"素材2"，并将其拖动到"时间轴"面板，如图3-38所示。

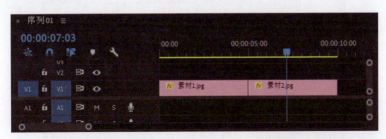

图3-38

Step 04：在时间轴上选择"素材1"，在"效果控件"面板调整参数，将"缩放"设为22，如图3-39所示。

Step 05：选择"素材2"，在"效果控件"面板调整参数，将"缩放"设为32。

Step 06：在"效果"面板选择"交叉缩放"效果，并将其拖动到时间轴的素材文件之间，如图3-40所示。

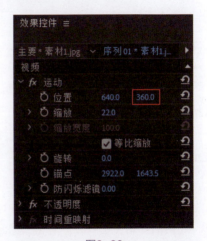

图3-39

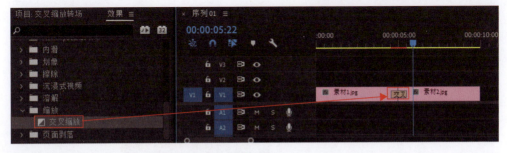

图3-40

Step 07：在时间轴上选择"交叉缩放"效果，在"效果控件"面板勾选"显示实际源"复选框，调整中心点位置，如图3-41所示。

Step 08：按空格键播放视频，这样就完成了使用"交叉缩放"效果制作视频过渡。

图3-41

## 3.1.8 "页面剥落"效果

"页面剥落"效果通常应用在画面翻转场景中,该效果包括翻页和页面剥落,如图3-42所示。

翻页:将视频A以翻书的形式过渡到视频B,卷起时背面为透明效果,直至完全显示视频B为止。

页面剥落:将视频A以翻页的形式过渡到视频B,卷起时背景为不透明效果,直至完全显示视频B为止。

下面介绍使用"翻页"和"页面剥落"效果制作翻画册的案例。

Step 01:打开Premiere Pro软件,新建项目,在"项目"面板导入素材文件,如图3-43所示。

图3-42

图3-43

Step 02：新建序列，将"项目"面板的素材文件拖动到"时间轴"面板，如图3-44所示。

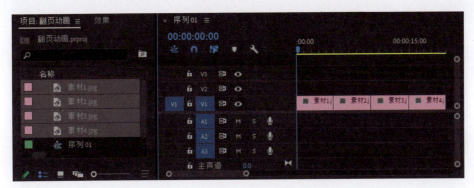

图3-44

Step 03：打开"效果"面板，选择"页面剥落"效果，并将其拖动到时间轴上素材文件的开始位置，如图3-45所示。

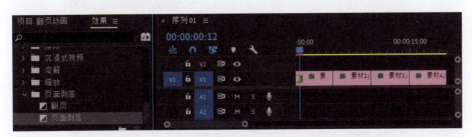

图3-45

Step 04：选择"页面剥落"效果，在"效果控件"面板调整参数，如图3-46所示。

图3-46

Step 05：在"效果"面板选择"翻页"效果，并将其拖动到时间轴的"素材1"和"素材2"之间，如图3-47所示。

图3-47

Step 06：在时间轴上选择"翻页"效果，在"效果控件"面板调整参数，如图3-48所示。

图3-48

Step 07：使用同样的方法，可以在"素材2"和"素材3"、"素材3"和"素材4"之间添加"翻页"效果。

## 3.2 视频过渡的应用

在Premiere Pro软件中包含了很多视频过渡效果，有的效果可以自定义设置，下面介绍两个使用视频过渡效果的案例。

### 3.2.1 卷轴动画

下面介绍使用视频过渡效果制作一个卷轴动画。

## 第3章 视频过渡

Step 01：打开Premiere Pro软件，在菜单栏中执行"文件">"新建">"项目"命令，新建项目，将其命名为"卷轴动画"，在"项目"面板导入"水墨"素材文件，如图3-49所示。

Step 02：在菜单栏中执行"文件">"新建">"序列"命令，新建序列，将序列的"编辑模式"设为HDV 720p，如图3-50所示。

图3-49

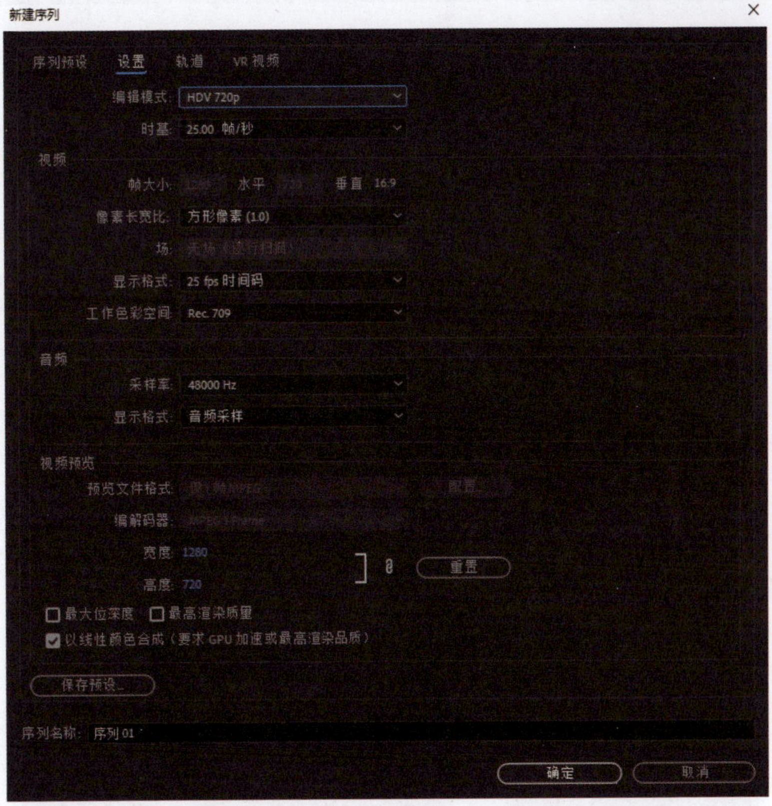

图3-50

Step 03：在"项目"面板单击"新建项"按钮，在弹出的快捷菜单中执行"颜色遮罩"命令，会弹出"新建颜色遮罩"窗口，如图3-51所示。

Step 04：设置完参数后，单击"确定"按钮，会弹出"拾色器"窗口，将RGB颜色设为（119,78,29），如图3-52所示。

图3-51

图3-52

Step 05：单击"确定"按钮，会弹出"选择名称"对话框，将名称设为"黄色遮罩"，如图3-53所示。

Step 06：单击"确定"按钮，完成遮罩的创建。

Step 07：使用同样的方法，创建一个灰色的遮罩，将RGB颜色设为（83,83,83），将名称命名为"灰色遮罩"，"项目"面板效果如图3-54所示。

Step 08：在"项目"面板将"灰色遮罩"拖动到时间轴的轨道V1上，将"水墨"素材文件拖动到时间轴的轨道V2上，使"灰色遮罩"和"水墨"素材文件的时间长度保持一致，如图3-55所示。

图3-53

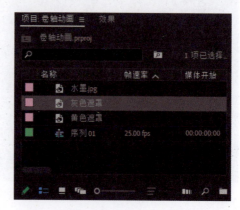

图3-54

Step 09：在时间轴上选择"水墨"素材文件，在"效果控件"面板设置参数，将"缩放"设为30，如图3-56所示。

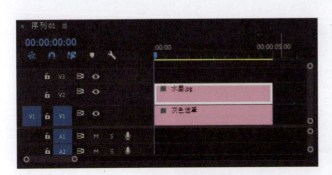

图3-55

图3-56

调整后"节目"面板的效果如图3-57所示。

图3-57

Step 10：打开"效果"面板，展开"视频过渡"下的"擦除"效果，选择"划出"效果，并将其拖动到"时间轴"面板，如图3-58所示。

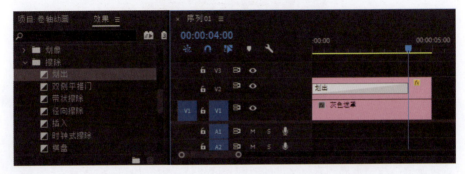

图3-58

Step 11:在时间轴上选择"划出"效果,在"效果控件"面板将"持续时间"设为00:00:04:00,如图3-59所示。

图3-59

Step 12:按空格键播放视频,查看视频的过渡效果,即可看到卷轴展开的过程,如图3-60所示。

图3-60

Step 13:在"项目"面板选择"黄色遮罩",并将其拖动到时间轴的轨道V3上,使"黄色遮罩"与"水墨"素材文件的时间长度保持一致,如图3-61所示。

第3章 视频过渡

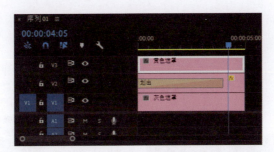

图3-61

Step 14：在时间轴上选择"黄色遮罩"，在"效果控件"面板调整参数，取消勾选"等比缩放"复选框，将"缩放高度"设为70，"缩放宽度"设为3.5，如图3-62所示。

调整后"节目"面板的效果如图3-63所示。

图3-62　　　　　　　　　　　　　图3-63

Step 15：在"效果"面板中展开"生成"效果，然后选择"渐变"效果，并将其拖动到时间轴的"黄色遮罩"上，如图3-64所示。

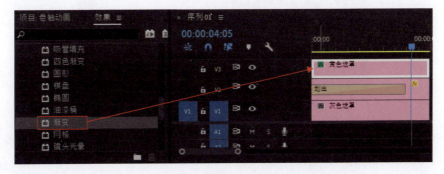

图3-64

Step 16：在"效果控件"面板设置"起始颜色"和"结束颜色"，以及设置"渐变起点"和"渐变终点"的参数，如图3-65所示。

Step 17：将时间线移动到开始位置，选择"黄色遮罩"，在"效果控件"面板将"位置"设为（180,360），如图3-66所示。

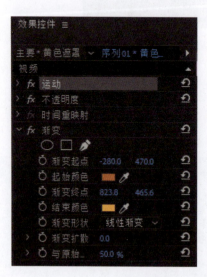
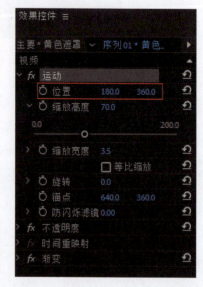

图3-65　　　　　图3-66

Step 18：在时间轴上选择"黄色遮罩"，单击鼠标右键，在弹出的快捷菜单中执行"复制"命令，在轨道V4上单击 "以此轨道为目标切换轨道"按钮，按"Ctrl+V"组合键将"黄色遮罩"粘贴到轨道V4上，如图3-67所示。

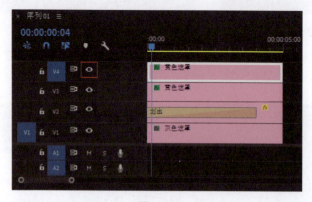

图3-67

Step 19：选择时间轴的轨道V4上的"黄色遮罩"，在"效果控件"面板将"位置"的水平参数设为225，如图3-68所示。

调整后"节目"面板的效果如图3-69所示。

图3-68

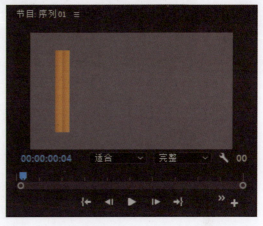
图3-69

**Step 20**：将时间线移动到00:00:00:18，选择时间轴的轨道V4上的"黄色遮罩"，如图3-70所示。

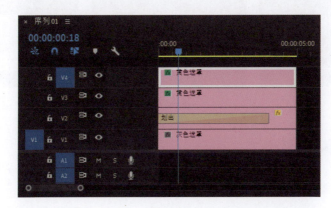
图3-70

**Step 21**：在"效果控件"面板单击"位置"前的 "切换动画"按钮，添加关键帧。将时间线移动到00:00:03:12，在轨道V4上选择"黄色遮罩"，在"效果控件"面板将"位置"的水平参数设为1103，如图3-71所示。

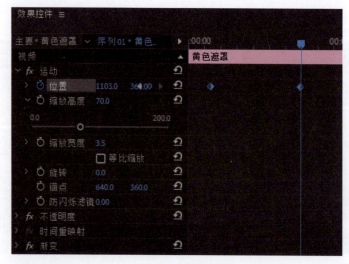

图3-71

Step 22：按空格键播放动画，效果如图3-72所示。

图3-72

## 3.2.2 白闪镜头

白闪镜头在短视频制作中比较常用，下面介绍其使用方法。

Step 01：打开Premiere Pro软件，在菜单栏中执行"文件">"新建">"项目"命令，新建项目，导入素材文件，如图3-73所示。

Step 02：在"项目"面板中选中"素材1"，按住"Shift"键的同时单击"素材5"，这样可以将5个素材文件全部选中。单击面板中的 ▇▇▇ "自动匹配序列"按钮，打开"序列自动化"窗口，将"剪辑重叠"设为0帧，如图3-74所示。

Step 03：单击"确定"按钮，将所有的素材文件匹配到时间轴上，如图3-75所示。

Step 04：由于素材文件的尺寸不同，在时间轴上选择"素材1"，然后在"效果控件"面板将"缩放"设为24，对"素材1"进行缩放，如图3-76所示。

第3章 视频过渡

图3-73　　　　　　　　　　　图3-74

图3-75

图3-76

Step 05:选择"素材2",将"缩放"设为20;选择"素材3",将"缩放"设为37;选择"素材4",将"缩放"设为23;选择"素材5",将"缩放"设为25。

Step 06:在"效果"面板中展开"溶解"效果,然后选择"白场过渡"效果,并将其拖动到"素材1"和"素材2"之间。这样就可以在这两个素材文件之间添加"白场过渡"效果,如图3-77所示。

Step 07:按空格键播放视频,可以看到这两个素材文件之间的过渡效果。

Step 08:使用同样的方法,将"白场过渡"效果添加到其他素材文件之间,如图3-78所示。

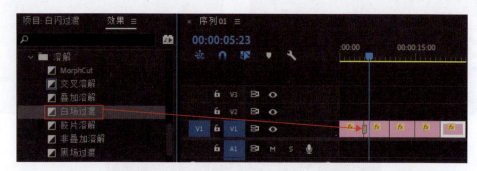

图3-77

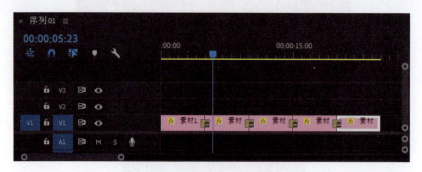

图3-78

在需要制作白闪镜头时,使用"白场过渡"效果可以提高工作效率。

# 第4章
## 视频效果

视频效果是Premiere Pro软件中非常强大的功能，可以应用于视频或者图片中，包括变换、扭曲、时间、杂色与颗粒、模糊与锐化、沉浸式视频、生成、视频、过渡、透视、通道、风格化等效果。

## 4.1 视频效果介绍

在Premiere Pro软件中主要使用"效果"面板和"效果控件"面板来添加视频效果。

在"效果"面板中可以选择所需的视频效果,如图4-1所示。或者在"效果"面板中搜索需要的视频效果,如图4-2所示。

图4-1

图4-2

在时间轴上添加视频效果,即可在"效果控件"面板中显示其参数,如图4-3所示。

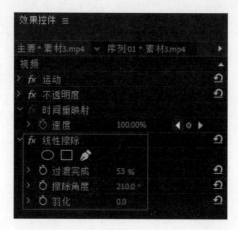

图4-3

## 4.2 "变换"效果

"变换"效果可以使素材文件产生变化效果,主要包括垂直翻转、水平翻转、羽化边缘、自动重构和裁剪，如图4-4所示。

垂直翻转：可以使图像素材文件产生垂直方向翻转效果。

水平翻转：可以使图像素材文件产生水平方向翻转效果。

羽化边缘：可以对素材文件边缘进行羽化模糊处理。

自动重构：可以自动重构素材文件。

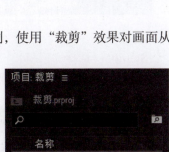

图4-4

裁剪：可以通过调整裁剪参数调整裁剪画面的大小。

下面介绍使用"裁剪"效果制作画面分割效果的案例，使用"裁剪"效果对画面从任意位置进行分割，并将分割部分移出。

Step 01：打开Premiere Pro软件，新建项目，导入素材文件，如图4-5所示。

Step 02：新建序列，将"素材2"拖动到时间轴的轨道V1上，再将"素材1"拖动到时间轴的轨道V2上，如图4-6所示。

Step 03：使用"选择工具"将"素材1"的时间线向左拖动，使其和"素材2"的时间相等，如图4-7所示。

Step 04：在"效果"面板选择"裁剪"效果，并将其拖动到时间轴的"素材1"上，如图4-8所示。

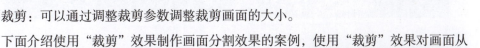

图4-5

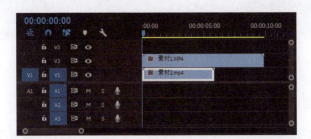

图4-6

图4-7

图4-8

Step 05：选择"素材1"，将时间线移动到00:00:03:15，在"效果控件"面板为"裁剪"下的"左侧"、"顶部"、"右侧"和"底部"添加关键帧，如图4-9所示。

图4-9

Step 06：将时间线移动到00:00:05:00，将"裁剪"下的"左侧"、"顶部"、"右侧"和"底部"都设为50%，如图4-10所示。

图4-10

Step 07：按空格键播放视频，即可看到使用"裁剪"效果后的画面分割效果。大家也可以尝试调整不同的参数，效果会不同。

## 4.3 "扭曲"效果

"扭曲"效果主要包括偏移、变形稳定器、变换、放大、旋转扭曲、果冻效应修复、波形变形、湍流置换、球面化、边角定位、镜像和镜头扭曲，如图4-11所示。

偏移：可以使画面水平或者垂直移动，画面中空缺的像素会自动补充。

变形稳定器：可以消除因摄像机移动而导致的画面抖动，使其转化为稳定平滑的拍摄效果。

变换：可以对图像的大小、位置、角度和不透明度进行调整。

图4-11

放大：可以使像素产生放大效果。

旋转扭曲：以中心为轴点，可以使素材文件产生旋转变形的效果。

果冻效应修复：可以修复素材文件在拍摄时产生的抖动、变形等效果。

波形变形：可以使素材文件产生类似水波的波浪形状。

湍流置换：可以使素材文件产生扭曲变形的效果。

球面化：可以使素材文件产生类似放大镜的球形效果。

边角定位：可以重新设置素材文件的四个角的位置参数。

镜像：可以使素材文件产生对称的效果。

镜头扭曲：可以使素材文件在画面中产生扭曲的效果。

### 4.3.1 "变形稳定器"效果

"变形稳定器"效果可以消除因摄像机移动而导致的画面抖动，将抖动效果转化为稳定的平滑拍摄效果。下面介绍使用"变形稳定器"效果的案例。

Step 01：打开Premiere Pro软件，新建项目，将其命名为"视频稳定"，导入"视频稳定素材"，并将该素材文件拖动到"时间轴"面板，松开鼠标会自动创建序列，如图4-12所示。

图4-12

Step 02：在时间轴上选择"视频稳定素材"，单击鼠标右键，在弹出的快捷菜单中执行"取消链接"命令，如图4-13所示。

Step 03：这样可以将视频和音频分开，在时间轴的音频轨道上选择音频，然后按"Delete"键将其删除，如图4-14所示。

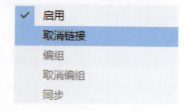

图4-13

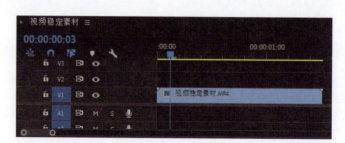

图4-14

Step 04：在时间轴上选择"视频稳定素材"，在"效果"面板的"扭曲"效果下选择"变形稳定器"效果，并将其拖动到时间轴上，如图4-15所示。

图4-15

Step 05：调整"效果控件"面板上的参数，如图4-16所示。

# 第4章 视频效果

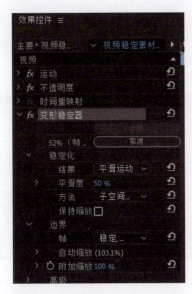

图4-16

Step 06：在"节目"面板中会显示"在后台分析"，如图4-17所示。

Step 07：分析结束后，在"节目"面板会显示"正在稳定化（步骤1/2）"，如图4-18所示。

Step 08：稳定之后，按空格键播放视频，视频不再抖动。

图4-17

图4-18

## 4.3.2 "变换"效果

逐字输入的打字效果在短视频或影视中经常见到，下面介绍使用"变换"效果实现逐字输入的打字效果的案例。

Step 01：新建项目，导入"背景素材"，新建序列，将该素材文件拖动到时间轴上，如图4-19所示。

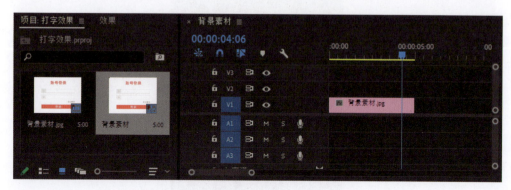

图4-19

Step 02：使用工具栏中的"文字工具"输入"博"，打开"效果控件"面板，将"源文本"的字体设为SimHei，字体大小设为50，"填充"设为黑色，"位置"设为（190,238），如图4-20所示。

Step 03：设置完第一个文字的参数后，在"效果控件"面板单击"源文本"前的"切换动画"按钮，然后按住"Shift"键的同时再按"向右"方向键一次，向前移动5帧，然后输入文字"文"，如图4-21所示。

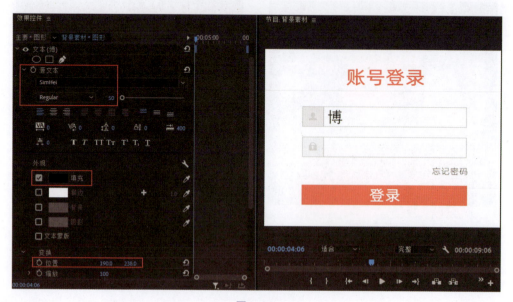

图4-20

第4章 视频效果

图4-21

Step 04：使用同样的方法，按住"Shift"键的同时再按"向右"方向键一次，向前移动5帧，然后输入文字"视"，如图4-22所示。

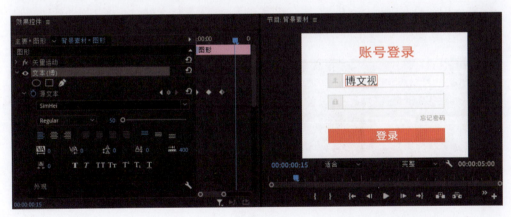

图4-22

Step 05：使用同样的方法，按住"Shift"键的同时再按"向右"方向键一次，向前移动5帧，然后输入文字"点"，如图4-23所示。

Step 06：导入键盘声素材文件，将该素材文件拖动到音频轨道，按空格键播放视频，即可看到文字动画逐字显示。

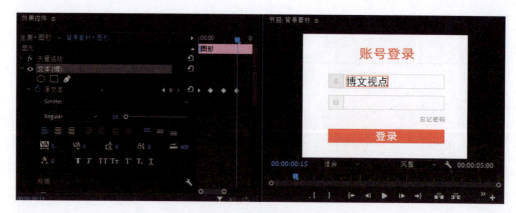

图4-23

下面再介绍一个使用"变换"效果的案例,对人物使用"蒙版工具",框选需要拉伸的腿部,然后修改"缩放高度"的参数,达到拉长腿部的效果。

Step 01:打开Premiere Pro软件,新建项目,导入素材文件,并将其拖动到"时间轴"面板,创建序列,如图4-24所示。

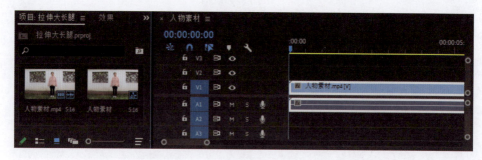

图4-24

Step 02:打开"效果"面板,选择"扭曲"效果下的"变换"效果,将其拖动到时间轴的"人物素材"上,如图4-25所示。

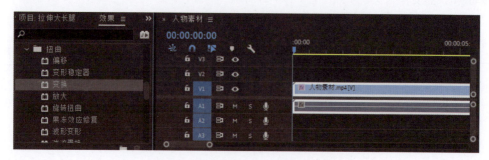

图4-25

Step 03:在时间轴选择"人物素材",然后打开"效果控件"面板,取消勾选

"等比缩放"复选框,如图4-26所示。

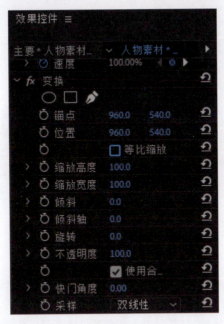

图4-26

Step 04:单击"变换"下的"矩形蒙版"按钮,在"节目"面板中的人物腿部绘制矩形蒙版,然后调整蒙版形状,如图4-27所示。

图4-27

Step 05:在"效果控件"面板,将"缩放高度"设为115,如图4-28所示。

图4-28

这样就实现了拉长人物的腿部,如图4-29所示。

图4-29

## 4.3.3 "边角定位"效果

"边角定位"效果可以设置视频的左上、右上、左下、右下四个位置的参数,从而调整视频的四个角的位置。

Step 01:打开Premiere Pro软件,新建项目,导入素材文件,新建序列为HDV 720P。

Step 02:导入"电脑素材",并将其拖动到时间轴的轨道V1上,然后导入"桃花素材",并将其拖动到时间轴的轨道V2上,如图4-30所示。

Step 03:在"效果"面板选择"边角定位"效果,并将其拖动到"桃花素材"上,"效果控件"面板如图4-31所示。

第4章 视频效果

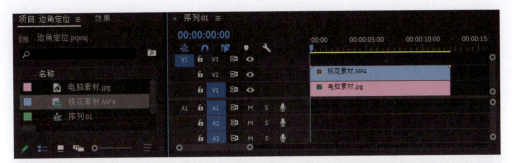

图4-30

图4-31

Step 04：在"效果控件"面板调整"桃花素材"四个控制点的参数，将四个控制点和显示器的边角位置相对应，如图4-32所示。

图4-32

## 4.3.4 "镜像"效果

使用"镜像"效果可以制作出对称翻转的效果,下面介绍制作"盗梦空间"效果的案例。

Step 01:打开Premiere Pro软件,新建项目,导入素材文件,并将其拖动到时间轴上,如图4-33所示。

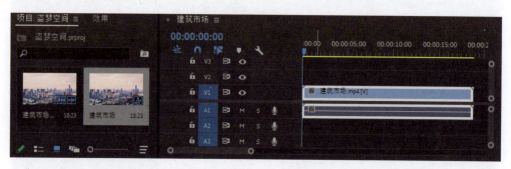

图4-33

Step 02:在"效果控件"面板选择"镜像"效果,并将其拖动到时间轴的素材文件上,打开"效果控件"面板,如图4-34所示。

图4-34

Step 03:将时间线移动到开始位置,在"反射中心"和"反射角度"前单击 "切换动画"按钮,添加关键帧,如图4-35所示。

Step 04:将时间线移动到00:00:03:00,在"效果控件"面板,将"镜像"效果的"反射角度"设为-90°,"反射中心"的$Y$轴参数设为248,如图4-36所示。

第4章 视频效果

图4-35

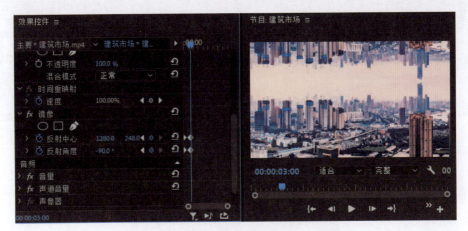

图4-36

Step 05：按空格键播放视频，可以看到"盗梦空间"效果，如图4-37所示。

图4-37

使用"镜像"效果还可以将画面进行重复。

## 4.4 "时间"效果

"时间"效果主要包括残影和色调分离时间,如图4-38所示。

残影:可以将画面中不同的帧像素进行混合处理。

色调分离时间:用于调整帧速率。

下面介绍使用"残影"效果的案例。

Step 01:打开Premiere Pro软件,新建项目,导入"素材",并将其拖动到"时间轴"面板,如图4-39所示。

图4-38

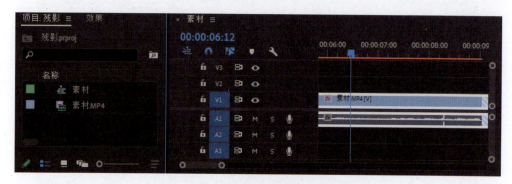

图4-39

"节目"面板效果如图4-40所示。

图4-40

Step 02:打开"效果"面板,将"残影"效果拖动到时间轴上,如图4-41所示。

Step 03:打开"效果控件"面板,将"残影时间"设为-0.133,"残影数量"设为3,"衰减"设为0.5,"残影运算符"设为"最大值",如图4-42所示。

第4章 视频效果

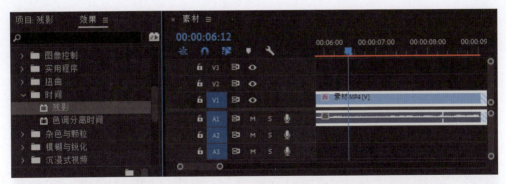

图4-41

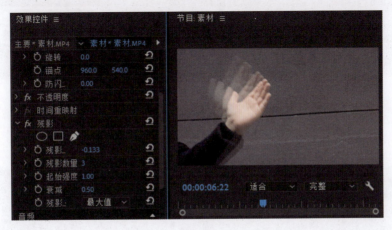

图4-42

使用"残影"效果可以调整物体运动过程中的残影,比如影视中会对武功很高的角色使用该效果。

## 4.5 "杂色与颗粒"效果

"杂色与颗粒"效果可以为画面添加杂色,包括中间值(旧版)、杂色、杂色Alpha、杂色HLS、杂色HLS自动、蒙尘与划痕,如图4-43所示。

中间值(旧版):可以将每个像素替换为另一个像素,该像素具有指定半径的临近像素的中间颜色值。

杂色:为视频添加颜色颗粒。

杂色Alpha:使素材文件产生大小不同的单色颗粒。

杂色HLS:可以设置杂色中的色相、亮度和饱和度。

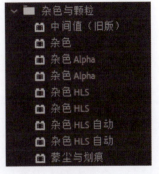

图4-43

杂色HLS自动：和杂色HLS相似，可以调整杂色的色调。

蒙尘与划痕：通过数值调整各颜色的像素，使层次感更加强烈。

下面介绍使用"杂色"效果的案例。

Step 01：打开Premiere Pro软件，新建项目，导入"素材"，并将其拖动到时间轴上，如图4-44所示。

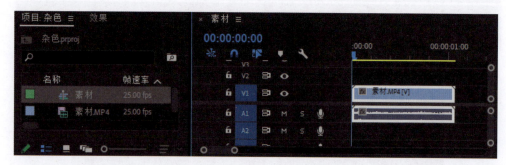

图4-44

Step 02：打开"效果"面板，将"杂色"效果拖动到时间轴的"素材"上，如图4-45所示。

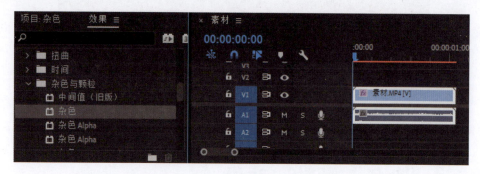

图4-45

Step 03：在时间轴选择"素材"，在"效果控件"面板，将"杂色数量"设为30%，如图4-46所示。

# 第4章 视频效果

图4-46

## 4.6 "模糊与锐化"效果

"模糊与锐化"效果可以将素材文件变得更加模糊或者清晰，包括减少交错闪烁、复合模糊、方向模糊、相机模糊、通道模糊、钝化蒙版、锐化和高斯模糊，如图4-47所示。

图4-47

减少交错闪烁：可以使画面交错效果变得柔和。

复合模糊：可以自动将素材文件生成一种模糊的效果。

方向模糊：可以根据模糊角度和长度对画面进行模糊处理。

相机模糊：可以模拟摄像机在拍摄过程中出现的虚化现象。

通道模糊：可以对RGB通道中红、绿、蓝、Alpha通道进行模糊处理。

钝化蒙版：在模糊画面的同时可以调整画面的曝光和对比度。

锐化：可以快速聚焦模糊的边缘，提高画面的清晰度。

高斯模糊：可以使画面效果既模糊又平滑。

下面介绍使用"高斯模糊"效果的案例。

Step 01：打开Premiere Pro软件，新建项目，导入"素材1"和"素材2"，将这两个素材文件拖动到"时间轴"面板，如图4-48所示。

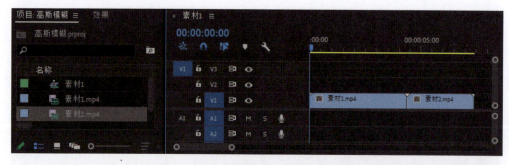

图4-48

Step 02：新建"调整图层"，然后将其拖动到时间轴的轨道V2上，并放置在两个素材文件之间，如图4-49所示。

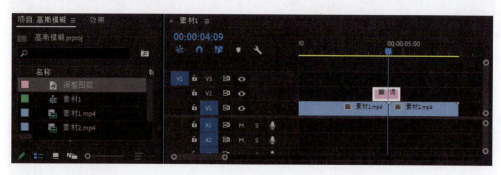

图4-49

Step 03：在"效果"面板的"模糊与锐化"下选择"高斯模糊"效果，并将其拖动到"调整图层"上，如图4-50所示。

Step 04：选择"调整图层"，在"效果控件"面板，将时间线移动到"调整图层"的开始位置，如图4-51所示。

图4-50

第4章　视频效果

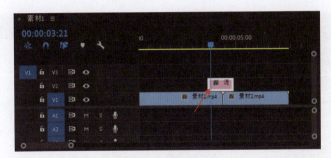

图4-51

Step 05：在"效果控件"面板，单击"高斯模糊"效果下"模糊度"前的 ⌀ "切换动画"按钮，添加关键帧，如图4-52所示。

图4-52

Step 06：将时间线移动到"调整图层"的中间位置，如图4-53所示。

Step 07：在"效果控件"面板，将"模糊度"设为80，勾选"重复边缘像素"复选框，如图4-54所示。

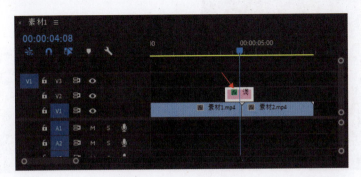

图4-53

113

图4-54

Step 08:将时间线移动到"调整图层"的末端位置,如图4-55所示。

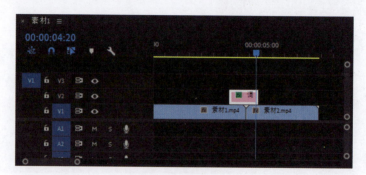

图4-55

Step 09:在"效果控件"面板,将"模糊度"设为0,如图4-56所示。

图4-56

至此，就完成了通过添加"调整图层"将两段视频结合，并对"调整图层"添加"高斯模糊"效果。

## 4.7 "沉浸式视频"效果

"沉浸式视频"效果包括VR分形杂色、VR发光、VR平面到球面、VR投影、VR数字故障、VR旋转球面、VR模糊、VR色差、VR锐化、VR降噪、VR颜色渐变，如图4-57所示。

VR分形杂色：用于VR沉浸式分形杂色效果的应用。

VR发光：用于VR沉浸式光效的应用。

VR平面到球面：用于在VR沉浸式效果中对图像从平面到球面的处理。

VR投影：用于VR沉浸式投影效果的应用。

VR数字故障：用于在VR沉浸式效果中对文字进行数字故障处理。

图4-57

VR旋转球面：用于VR沉浸式旋转球面效果的应用。

VR模糊：用于VR沉浸式模糊效果的应用。

VR色差：用于VR沉浸式效果中对图像进行颜色校正。

VR锐化：用于VR沉浸式效果中对图像进行锐化处理。

VR降噪：用于VR沉浸式效果中对图像进行降噪处理。

VR颜色渐变：用于VR沉浸式效果对图像进行颜色渐变处理。

下面介绍使用"VR数字故障"效果的案例。

Step 01：打开Premiere Pro软件，新建项目，在"项目"面板导入"素材"，将该"素材"拖动到时间轴上，如图4-58所示。

图4-58

Step 02：在"效果"面板选择"VR数字故障"效果，并将其拖动到时间轴上，如图4-59所示。

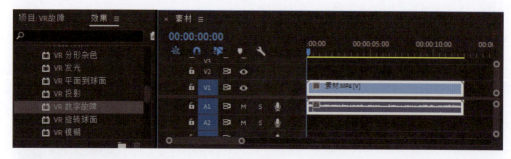

图4-59

"效果控件"面板如图4-60所示。

图4-60

Step 03：在"效果控件"面板调整"扭曲"参数，将"颜色扭曲"设为100，"几何扭曲"设为0，"扭曲演化"设为300°，"颜色演化"设为180°，如图4-61所示。

第4章 视频效果

图4-61

# 4.8 "生成"效果

"生成"效果包括书写、单元格图案、吸管填充、四色渐变、圆形、棋盘、椭圆、油漆桶、渐变、网格、镜头光晕和闪电，如图4-62所示。

书写：可以制作出类似画笔的触感。

单元格图案：可以通过参数在素材文件上制作出纹理效果。

吸管填充：可以对素材文件进行颜色填充。

四色渐变：可以通过调整颜色及参数，使素材文件上方产生4种颜色的渐变效果。

圆形：在素材文件上方制作一个圆形，可以调整圆形的颜色、不透明度、羽化等参数来更改圆形的效果。

图4-62

棋盘：在素材文件上显示黑白矩形交错的棋盘效果。

椭圆：在素材文件上方添加一个椭圆，可以调整椭圆的位置、颜色、宽度和柔和度等参数来更改椭圆的效果。

油漆桶：为素材文件指定区域填充所选的颜色。

渐变：在素材文件上填充线性渐变或者径向渐变。

117

网格：在素材文件上呈现矩形网格。

镜头光晕：可以模拟在自然光下拍摄时所遇到的强光。

闪电：可以模拟天空中的闪电效果。

使用"书写"效果可以将文字以笔画的形式展现在视频中，下面介绍使用"书写"效果的案例。

Step 01：导入"风景视频素材"，然后将该素材文件拖动到"时间轴"面板，创建序列。

Step 02：在菜单栏中执行"文件" > "新建" > "旧版标题"命令，弹出"新建字幕"窗口，单击"确定"按钮，进入"旧版标题"窗口。输入文字"Premiere"，在"旧版标题属性"中将"X位置"设为631，"Y位置"设为535，"字体系列"设为阿里巴巴普惠体，"字体大小"设为180，"填充"下的"颜色"设为白色，"阴影"下的"颜色"设为黑色，如图4-63所示。

图4-63

Step 03：关闭"旧版标题"窗口，在"项目"面板将"字幕01"拖动到时间轴的轨道V2上，如图4-64所示。

第4章 视频效果

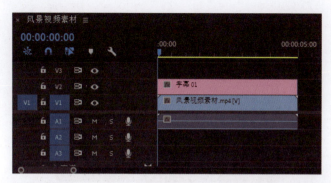

图4-64

Step 04：选中"字幕01"，单击鼠标右键，在弹出的快捷菜单中执行"嵌套"命令，弹出"嵌套序列名称"对话框，如图4-65所示。

Step 05：单击"确定"按钮，将时间轴上的"字幕01"切换为"嵌套序列01"。

图4-65

Step 06：打开"效果"面板，在"生成"效果下选择"书写"效果，然后将其拖动到时间轴的轨道V2的"嵌套序列01"上，如图4-66所示。

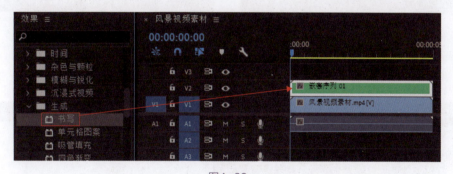

图4-66

Step 07：在"效果控件"面板调整"书写"效果的参数，将"画笔位置"设为（1059.1,572.6），"颜色"设为红色，"画笔大小"设为22，如图4-67所示。

"节目"面板效果如图4-68所示。

Step 08：下面对文字笔画进行书写，将时间线移动到00:00:01:00，单击"画笔位置"前的 ![icon] "切换动画"按钮，添加关键帧。连续按"向右"方向键三次，这样相当于将时间线向右移动3帧，在"效果控件"面板选择"书写"效果，在"节目"面板移动画笔，如图4-69所示。

119

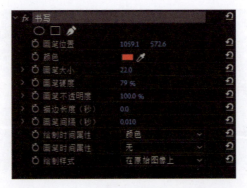

图4-67

图4-68

图4-69

Step 09：重复上面的步骤，对文字进行书写，直到将所有的文字书写完成，如图4-70所示。

图4-70

Step 10：在"效果控件"面板，将"书写"效果下的"绘制样式"选择"显示原始图像"，如图4-71所示。

# 第4章 视频效果

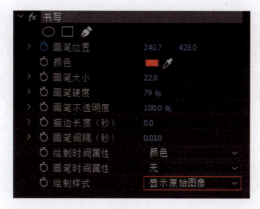

图4-71

Step 11：按空格键播放视频，即可看到使用"书写"效果的动画。

## 4.9 "视频"效果

"视频"效果包括SDR遵从情况、剪辑名称、时间码和简单文本，如图4-72所示。

图4-72

SDR遵从情况：可以设置素材文件的亮度、对比度和阈值。

剪辑名称：可以在素材文件上方显示其名称。

时间码：是指摄像机在记录图像信号时的一种数字编码。

简单文本：可以在素材文件上方进行文字编辑。

下面介绍使用"时间码"效果的案例。

Step 01：打开Premiere Pro软件，新建项目，导入素材文件，如图4-73所示。

Step 02：新建序列，将"编辑模式"设为HDV 720P。

Step 03：在菜单栏中执行"新建">"颜色遮罩"命令，将"颜色"设为绿色，再将"颜色遮罩"拖动到"时间轴"面板，最后将素材文件的时间长度拖动到00:00:15:00，如图4-74所示。

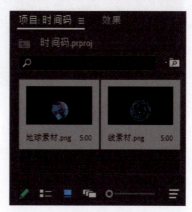

图4-73

图4-74

Step 04：选择"地球素材"，并将其拖动到时间轴上，然后将"持续时间"设为00:00:15:00。在"效果控件"面板中，将"缩放"设为70，"位置"的Y轴参数设为340，"锚点"的Y轴参数设为665，如图4-75所示。

图4-75

Step 05：将时间线移动到开始位置，在"效果控件"面板的"旋转"效果前单击 "切换动画"按钮，添加关键帧，如图4-76所示。

Step 06：将时间线移动到00:00:15:00，将"旋转"设为1800，显示为"5×0.0°"，表示5圈，如图4-77所示。

Step 07：选择"线素材"，并将其拖动到"时间轴"面板，在"效果控件"面板调整参数，将"位置"设为（640,250），"缩放"设为70，如图4-78所示。

Step 08：在"项目"面板单击 "新建项"按钮，新建"调整图层"，并将其拖动到"时间轴"面板，如图4-79所示。

第4章 视频效果

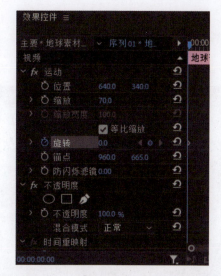

图4-76

图4-77

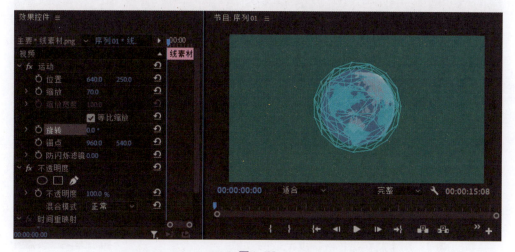

图4-78

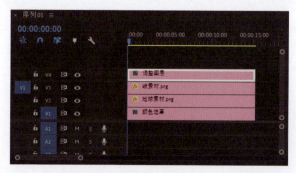

图4-79

Step 09：在"效果"面板选择"时间码"效果，并将其拖动到"调整图层"上。在"效果控件"面板，将"不透明度"设为0%，取消勾选"场符号"复选框，将"时间码源"设为"生成"，如图4-80所示。

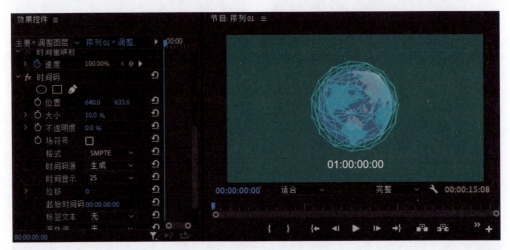

图4-80

至此，我们就完成了制作使用"时间码"效果的动画。

## 4.10 "过渡"效果

"过渡"效果包括块溶解、径向擦除、渐变擦除、百叶窗和线性擦除，如图4-81所示。

块溶解：将素材文件制作出逐渐显现或隐去的溶解效果。

径向擦除：用于制作出沿着中心轴点旋转擦除的效果。

渐变擦除：用于制作出色阶梯度渐变的效果。

百叶窗：使画面产生百叶窗动画的效果。

图4-81

线性擦除：使素材以线性的方式进行擦除。

下面介绍使用"线性擦除"效果制作分屏效果的案例。

Step 01：打开Premiere Pro软件，新建项目，导入素材文件，将"素材1"拖动到时间轴的轨道V1上，将"素材2"拖动到时间轴的轨道V2上，将"素材3"拖动到时间轴的轨道V3上，如图4-82所示。

Step 02：选择"素材3"，在"效果控件"面板，将"位置"设为（420,490），"缩放"设为70，如图4-83所示。

第4章 视频效果

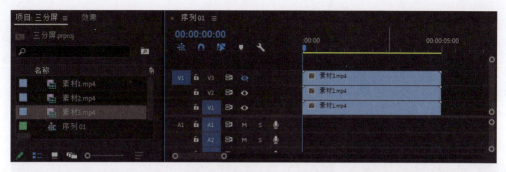

图4-82

图4-83

Step 03：选中"素材2"，打开"效果控件"面板，将"位置"设为（898,510），"缩放"设为60，如图4-84所示。

图4-84

125

Step 04：打开"效果"面板，在"过渡"效果下选择"线性擦除"效果，并将其拖动到"素材3"上，如图4-85所示。

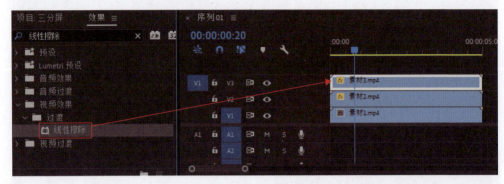

图4-85

Step 05：在"效果控件"面板，将"过渡完成"设为53%，"擦除角度"设为210°，如图4-86所示。

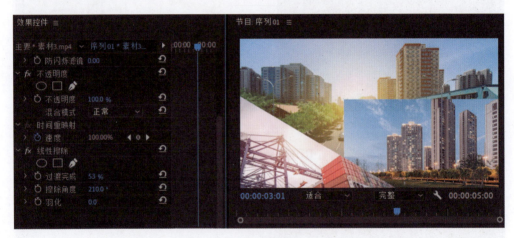

图4-86

Step 06：打开"效果"面板，在"过渡"效果下选择"线性擦除"效果，并将其拖动到"素材2"上。在"效果控件"面板，将"过渡完成"设为51%，"擦除角度"设为151°，如图4-87所示。

Step 07：在菜单栏中执行"文件">"新建">"旧版标题"命令，弹出"新建字幕"窗口。单击"确定"按钮，打开"旧版标题"窗口，使用"矩形工具"绘制长方形，将"高度"设为20，"旋转"设为30.7°，如图4-88所示。

第4章 视频效果

图4-87

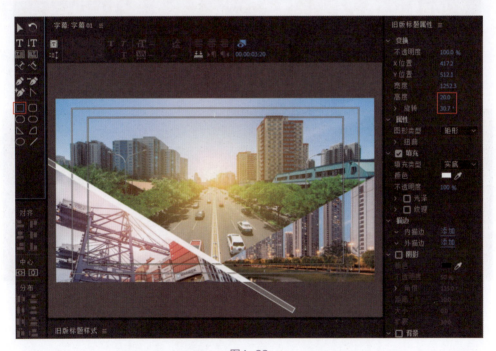

图4-88

Step 08：使用同样的方法，再绘制一个长方形，将"高度"设为20，"旋转"设为151°，如图4-89所示。

Step 09：在"项目"面板选择"字幕01"，并将其拖动到"时间轴"面板，如图4-90所示。

调整后的效果如图4-91所示。

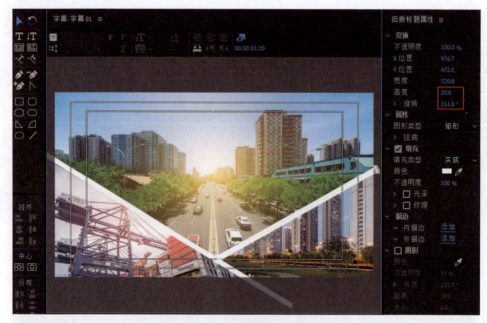

图4-89

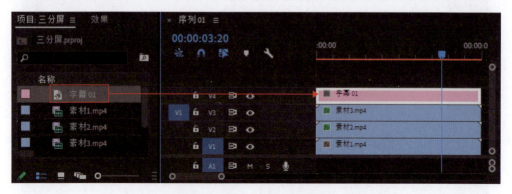

图4-90

图4-91

## 4.11 "透视"效果

"透视"效果包括基本3D、径向阴影、投影、斜面Alpha、边缘斜面,如图4-92所示。

图4-92

基本3D:可以使素材文件产生翻转或者透视的3D效果。

径向阴影:可以使素材文件产生径向阴影效果。

投影:可以使素材文件边缘呈现阴影效果。

斜面Alpha:可以使素材文件产生三维效果。

边缘斜面:可以使素材文件边缘产生三维效果。

下面介绍使用"基本3D"效果制作3D旋转效果的案例。

Step 01:打开Premiere Pro软件,新建项目,导入"素材",将"素材"拖动到"时间轴"面板,如图4-93所示。

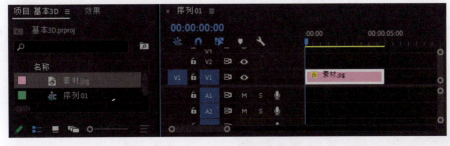

图4-93

Step 02:打开"效果"面板,将"基本3D"效果拖动到时间轴的"素材"上,如图4-94所示。

图4-94

Step 03:将时间线移动到开始设置,打开"效果控件"面板,在"旋转"前单击"切换动画"按钮,添加关键帧,如图4-95所示。

图4-95

Step 04：将时间线移动到00:00:04:20，将"旋转"设为180°，如图4-96所示。

图4-96

Step 05：按空格键播放视频，即可查看3D旋转效果。

# 4.12 "通道"效果

"通道"效果包括反转、复合运算、混合、算术、纯色合成、计算和设置遮罩，如图4-97所示。

反转：可以使素材文件自动进行通道反转。

复合运算：用于使视频轨道与原素材文件的通道进行混合设置。

混合：用于制作将两个素材文件进行混合的叠加效果。

算术：用于控制画面中RGB颜色的阈值情况。

纯色合成：可以将指定素材文件与所选颜色进行混合。

计算：可以指定一种素材文件与原素材文件进行通道混合。

设置遮罩：可以设置指定通道作为遮罩，并与原素材文件进行混合。

图4-97

下面介绍使用"设置遮罩"效果的案例。

Step 01：打开Premiere Pro软件，新建项目，导入素材文件，如图4-98所示。

Step 02：新建序列，并将"素材"拖动到时间轴的轨道V1上，将"遮罩"拖动到时间轴的轨道V2上，单击轨道V2上的"切换轨道输出"按钮，如图4-99所示。

图4-98

图4-99

Step 03：打开"效果"面板，将"设置遮罩"效果拖动到"素材"上，在"效果控件"面板设置参数，如图4-100所示。

Step 04：将"设置遮罩"下的"从图层获取遮罩"选择"视频2"，"用于遮罩"选择"变亮"，勾选"反转遮罩"复选框，如图4-101所示。

按空格键播放视频，即可查看视频效果。

图4-100

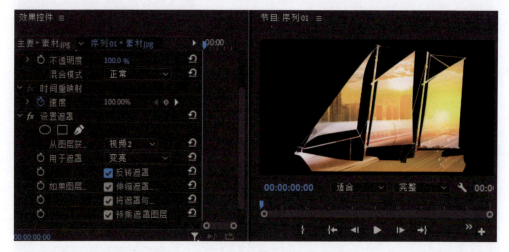

图4-101

## 4.13 "风格化"效果

"风格化"效果包括Alpha发光、复制、彩色浮雕、曝光过度、查找边缘、浮雕、画笔描边、粗糙边缘、纹理、色调分离、闪光灯、阈值、马赛克,如图4-102所示。

Alpha发光:可以在素材文件上制作发光效果。

复制:可以对素材文件进行复制,从而产生相同的素材文件。

彩色浮雕：可以在素材文件上方制作出彩色凹凸感效果。

曝光过度：可以通过参数设置曝光的强弱。

查找边缘：可以使画面产生彩色铅笔的线条感。

浮雕：可以使画面产生凹凸感效果。

画笔描边：可以使素材文件产生画笔涂鸦或水彩画的效果。

粗糙边缘：可以将素材文件产生腐蚀感效果。

纹理：可以使画面产生贴图感的纹理效果。

色调分离：可以使画面产生色调分离效果。

闪光灯：可以模拟真实的闪光灯效果。

阈值：可以自动将画面转换为黑白图像。

马赛克：可以将画面转换为像素块的画面。

图4-102

## 4.13.1 "查找边缘"效果

下面介绍使用"查找边缘"效果的案例。

Step 01：新建项目，导入素材文件，并将素材文件拖动到"时间轴"面板，如图4-103所示。

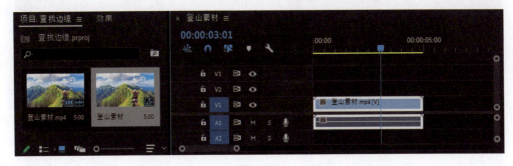

图4-103

Step 02：打开"效果"面板，将"查找边缘"效果拖动到素材文件上，如图4-103所示。

Step 03：在"效果"面板选择"色彩"效果，并将其拖动到素材文件上，可以将视频设为黑白线条效果，如图4-105所示。

图4-104

图4-105

## 4.13.2 "马赛克"效果

"马赛克"效果可以为视频添加静态马赛克或动态马赛克，动态马赛克需要根据视频的运动跟踪数据进行添加。下面介绍使用"马赛克"效果的案例。

Step 01：打开Premiere Pro软件，新建项目，导入素材文件，并将素材文件拖动到时间轴上，如图4-106所示。

Step 02：在"效果"面板，在"扭曲"效果下选择"马赛克"效果，并将其拖动到素材文件上，将"水平块"和"垂直块"设为100，如图4-107所示。

第4章 视频效果

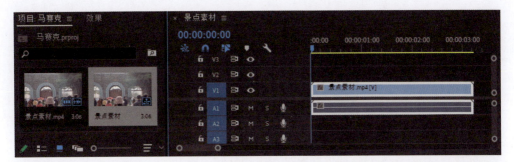

图4-106

图4-107

Step 03：将时间线移动到开始位置，单击"马赛克"效果下的▣"创建4点多边形蒙版"按钮，在视频中绘制蒙版，如图4-108所示。

图4-108

Step 04：单击 ▶ "向前跟踪所选蒙版"按钮，开始跟踪蒙版，如图4-109所示。

图4-109

完成跟踪后，"节目"面板效果如图4-110所示。

图4-110

# 第5章
## 混合模式、蒙版与键控

本章主要介绍Premiere Pro软件的"混合模式"、"蒙版"和"键控"效果。"键控"常用在影视制作中,比如可以抠除人物背景,使人物背景变为透明,将人物和背景进行合成。

## 5.1 混合模式

下面介绍"效果"面板下的"混合模式"效果,它可以将多个视频进行结合。

### 5.1.1 "下雨"效果合成

下面介绍在"效果"面板下将"下雨"素材文件和其他场景文件进行合成的案例。

Step 01:打开Premiere Pro软件,新建项目,将"人物素材"导入"项目"面板,将"人物素材"拖动到"时间轴"面板,如图5-1所示。

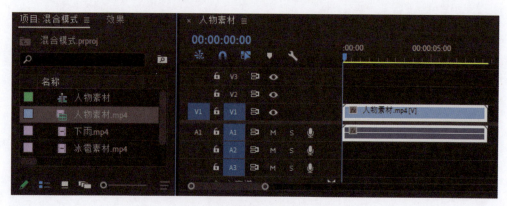

图5-1

Step 02:将"下雨"素材文件拖动到时间轴的轨道V2上,在"效果控件"面板将"不透明度"下的"混合模式"设为"滤色",如图5-2所示。

图5-2

## 第5章 混合模式、蒙版与键控

Step 03：这样就把"下雨"素材文件叠加到视频上了，在"项目"面板将"冰雹素材"拖动到时间轴的轨道V3上，如图5-3所示。

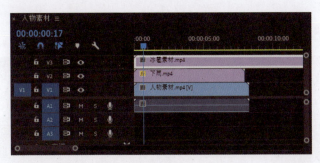

图5-3

Step 04：使用"剃刀工具"在时间轴上对这些素材文件进行裁剪，使素材文件的时间统一，如图5-4所示。

图5-4

Step 05：在时间轴上选择"冰雹素材"，在"效果控件"面板将"不透明度"下的"混合模式"设为"滤色"，如图5-5所示。

图5-5

139

Step 06：下面将"人物素材"进行调色，在时间轴上选择"人物素材"，单击"颜色"面板，对其进行调色，将"色温"设为-11，"色彩"设为-10，"曝光"设为-1，"对比度"设为22.1，"高光"设为20，"阴影"设为-20，"白色"设为12，"黑色"设为-20，如图5-6所示。

图5-6

Step 07：按空格键播放视频，即可看到合成后的效果，如图5-7所示。导入"下雨的声音"素材文件，将其拖动到"时间轴"面板。

图5-7

Step 08：在菜单栏中执行"文件">"保存"命令，保存项目文件，可以执行"导出"命令，然后渲染和导出视频。

## 5.1.2 "双重曝光"效果合成

"双重曝光"是一种摄影的表现手法,是指在同一张底片上进行多次曝光,让影像重叠在同一张底片上,下面介绍使用"混合模式"效果来制作"双重曝光"效果。

Step 01:打开Premiere Pro软件,新建项目,将"人物视频素材"导入"项目"面板,然后将其拖动到时间轴上,如图5-8所示。

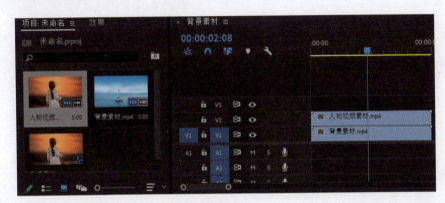

图5-8

Step 02:选择"人物视频素材",在"效果控件"面板将"混合模式"设为"变亮",如图5-9所示。

"节目"面板效果如图5-10所示。

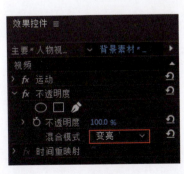

图5-9

图5-10

Step 03:选择"人物视频素材",然后将"操作"面板切换到"颜色"面板,在"Lumetri 颜色"面板中,将"基本校正"下的"对比度"设为-50,"高光"设为50,"阴影"设为-50,"白色"设为60,"黑色"设为-30,如图5-11所示。

图5-11

调整后的"双重曝光"效果如图5-12所示。

图5-12

## 5.1.3 "轨道遮罩键"效果合成

下面介绍使用"轨道遮罩键"效果来制作创意文字的案例,用文字作为通道,做出文字和背景视频相结合的效果。

第5章 混合模式、蒙版与键控

Step 01：打开Premiere Pro软件，新建项目，导入"校园素材"，新建序列，将"校园素材"拖动到"时间轴"面板，如图5-13所示。

图5-13

Step 02：单击"新建项"按钮，选择"颜色遮罩"选项，"颜色"选择"灰色"，单击"确定"按钮，弹出"选择名称"对话框，可以设置遮罩的名称，如图5-14所示。

Step 03：单击"确定"按钮，创建"颜色遮罩"，并将其拖动到时间轴上，如图5-15所示。

图5-14

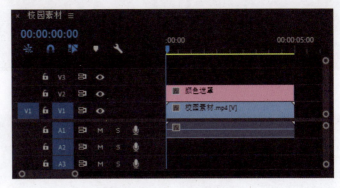

图5-15

Step 04：使用"文字"工具在"节目"面板输入文本"东星未来"，将字体大小设为200，"填充"设为白色，"位置"设为（259,408.5），如图5-16所示。

Step 05：打开"效果"面板，选择"轨道遮罩键"，并将其拖动到"颜色遮罩"上，如图5-17所示。

Step 06：打开"效果控件"面板，将"轨道遮罩键"下的"遮罩"设为"视频3"，勾选"反向"复选框，如图5-18所示。

Step 07：按空格键播放视频，即可看到使用"轨道遮罩键"效果的动画。

143

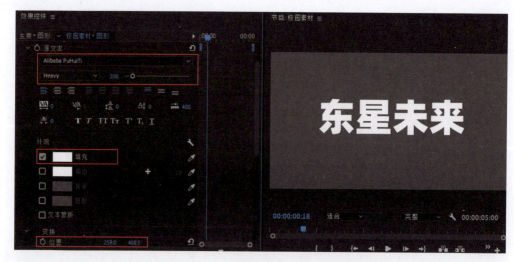

图5-16

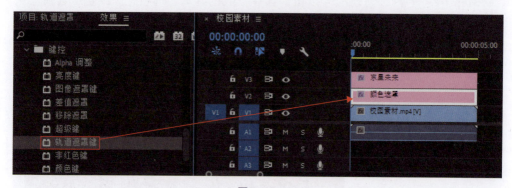

图5-17

图5-18

## 5.1.4 "关键帧"效果合成

下面介绍通过文本属性制作聊天对话框，然后添加"关键帧"效果。

Step 01：打开Premiere Pro软件，导入"短信素材"，新建序列，将"编辑模式"设为HDV 720P，并将"短信素材"拖动到"时间轴"面板，如图5-19所示。

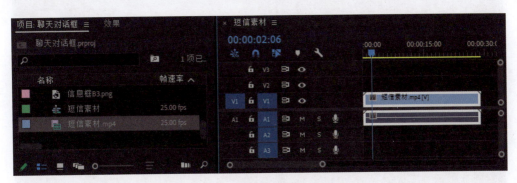

图5-19

Step 02：在"项目"面板将"头像A"素材文件拖动到时间轴的轨道V2上，如图5-20所示。

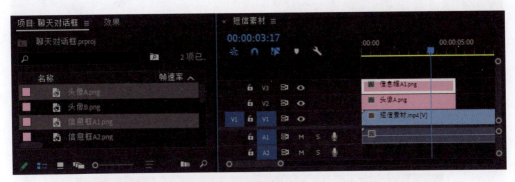

图5-20

Step 03：在时间轴上选择"头像A"素材文件，在"效果控件"面板，将"位置"设为（213,343），如图5-21所示。

Step 04：使用"文字工具"输入文字"老师，学习ps推荐哪本书呢"，将字体设为SimHei，字体大小设为50，如图5-22所示。

Step 05：在时间轴上将文字、"信息框A1"和"头像A"素材文件的视频长度与"短信素材"的视频长度设为一致，如图5-23所示。

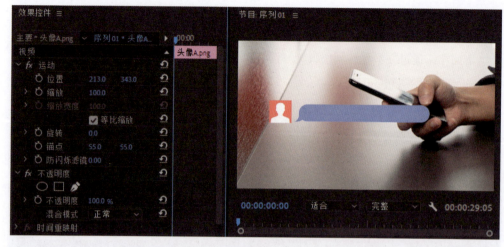

图5-21

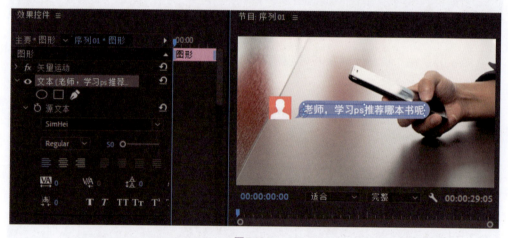

图5-22

图5-23

## 第5章 混合模式、蒙版与键控

Step 06：在时间轴上选择文字、"信息框A1"和"头像A"素材文件，单击鼠标右键，在弹出的快捷菜单中执行"嵌套"命令，如图5-24所示。

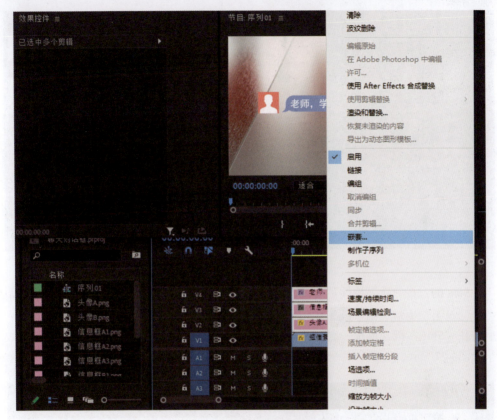

图5-24

Step 07：弹出"嵌套序列名称"对话框，将"名称"设为"嵌套序列01"，完成后的"时间轴"面板如图5-25所示。

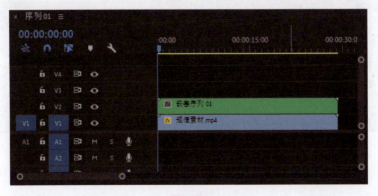

图5-25

Step 08：选择"嵌套序列01"，打开"效果控件"面板，调整"锚点"参数，使"锚点"对齐"节目"面板的最前端，如图5-26所示。

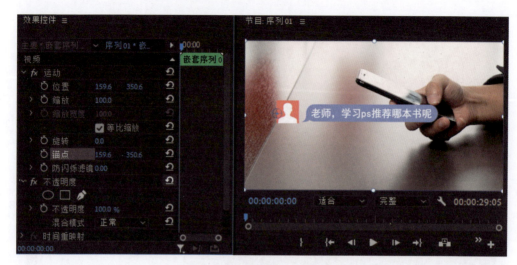

图5-26

Step 09：在"效果控件"面板，将"位置"设为（71,158），将时间线移动到开始位置，单击"缩放"前的 ⏱ "切换动画"按钮，添加关键帧，将"缩放"设为0，然后按住"Shift"键，再按一次"向右"方向键，将"缩放"设为100，"节目"面板效果如图5-27所示。

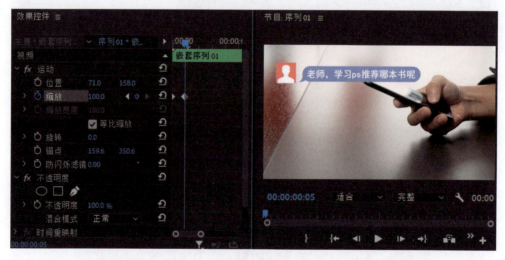

图5-27

Step 10：这样就完成了聊天信息弹出的动画效果。将"头像B"和"信息框B1"素材文件拖动到"时间轴"面板，如图5-28所示。

第5章 混合模式、蒙版与键控

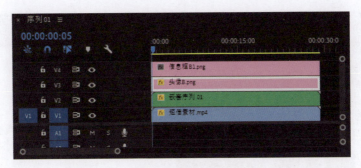

图5-28

Step 11：选择"头像B"素材文件，在"效果控件"面板调整"位置"参数，如图5-29所示。

图5-29

Step 12：使用"文字工具"输入文本"ps从入门到精通"，如图5-30所示。

Step 13：使用同样的方法，选择文字、"头像B"和"信息框B1"素材文件，创建"嵌套序列02"，制作动画，将"嵌套序列 02"移动到00:00:01:20，这样就与"嵌套序列 01"的动画错开了时间，如图5-31所示。

Step 14：按照上面的方式可以制作更多的聊天信息，如图5-32所示。

149

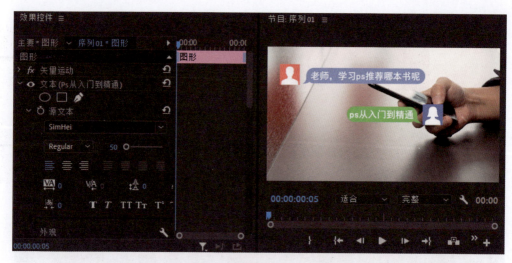

图5-30

图5-31

图5-32

第5章 混合模式、蒙版与键控

Step 15：制作完聊天对话框后，"节目"面板效果如图5-33所示。

图5-33

Step 16：下面在动画中实现收到每条短信时都有提示音的效果，在"项目"面板将音频文件拖动到"时间轴"面板，如图5-34所示。

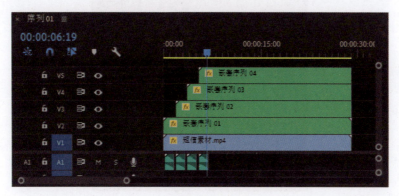

图5-34

聊天对话框的视频效果常出现在影视中，比如两个人使用手机短信聊天，可以将聊天信息展示在画面上，当然也可以结合蒙版制作动画效果。

## 5.2 蒙版

下面介绍通过蒙版进行人像合成，还可以使用蒙版工具进行跟踪数据。

### 5.2.1 蒙版的使用方法

蒙版工具包括"矩形工具"、"椭圆工具"和"钢笔工具"，下面介绍Premiere

Pro软件中蒙版与遮罩的使用方法。

Step 01：打开Premiere Pro软件，新建项目，将其命名为"遮罩"，在"项目"面板导入"湖面素材"，并将其拖动到"时间轴"面板，如图5-35所示。

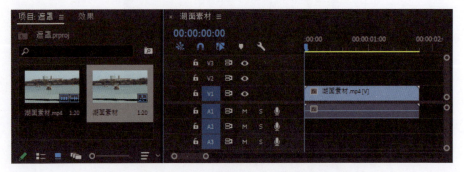

图5-35

Step 02：在"节目"面板看到水面有物体遮挡，如图5-36所示。

图5-36

Step 03：再次将"湖面素材"拖动到时间轴的轨道V2上，如图5-37所示。

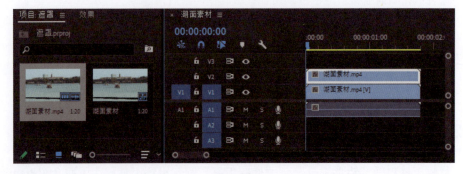

图5-37

第5章　混合模式、蒙版与键控

Step 04：在时间轴的轨道V1上单击 👁 "切换轨道输出"按钮，关闭轨道V1显示。

Step 05：选择时间轴的轨道V2上的"湖面素材"，在"效果控件"面板使用"不透明度"下的"钢笔工具"绘制一个不规则的形状，如图5-38所示。

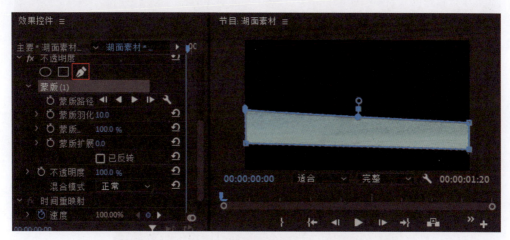

图5-38

Step 06：在时间轴的轨道V1上单击 👁 "切换轨道输出"按钮，显示该轨道上的"湖面素材"。选择轨道V2上的"湖面素材"，在"效果控件"面板设置"位置"的参数，将其向下移动，遮住水面上的物体，如图5-39所示。

图5-39

Step 07：在"效果控件"面板，将"蒙版羽化"设为50，使用"选择工具"将绘制的蒙版的四个控制点移动到"节目"面板外，如图5-40所示。

图5-40

Step 08：调整后的"节目"面板效果如图5-41所示。

图5-41

## 5.2.2 "一人饰两角"效果制作

下面介绍制作在同一个场景中"一人饰两角"效果的案例。打开在同一个场景中拍摄的人物素材文件，这里拍摄时摄像机的位置是固定的，如图5-42所示。可以使用Premiere Pro软件中的蒙版工具，将两个人物合成在同一个场景中。

Step 01：打开Premiere Pro软件，新建项目，导入"素材1"和"素材2"，如图5-43所示。

Step 02：将"素材1"拖动到时间轴的轨道V1上，将"素材2"拖动到时间轴的轨道V2上，如图5-44所示。

## 第5章 混合模式、蒙版与键控

图5-42

图5-43

图5-44

Step 03：在时间轴的轨道V2上选择"素材2"，在"效果控件"面板的"不透明度"下使用"矩形工具"绘制一个矩形蒙版，如图5-45所示。

Step 04：在时间轴上选择这两个素材文件，单击鼠标右键，在弹出的快捷菜单中执行"嵌套"命令，创建"嵌套序列01"，如图5-46所示。

Step 05：单击"确定"按钮，将创建一个序列，"时间轴"面板如图5-47所示。

Step 06：选择"嵌套序列01"，在"效果控件"面板，将"位置"设为（884,505.4），"缩放"设为137，如图5-48所示。

图5-45

图5-46

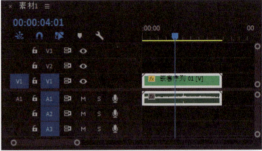

图5-47

图5-48

## 第5章 混合模式、蒙版与键控

这样就可以将同一个人的两个角色合成在同一个场景中,这样的视频效果在抖音、快手平台的短视频中比较常见。

### 5.2.3 蒙版跟踪

下面介绍使用"钢笔工具"绘制蒙版,并对蒙版进行运动数据跟踪的方法。

Step 01:打开Premiere Pro软件,新建项目,导入"跟踪素材",并将其拖动到"时间轴"面板,如图5-49所示。

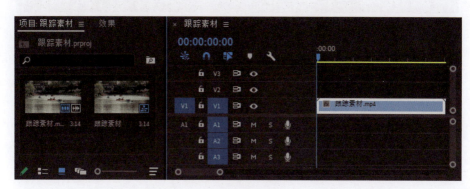

图5-49

Step 02:在时间轴上选择"跟踪素材",将时间线移动到开始位置,打开"效果控件"面板,如图5-50所示。

图5-50

Step 03:在"效果控件"面板,使用"不透明度"下的"钢笔工具"绘制蒙版,如图5-51所示。

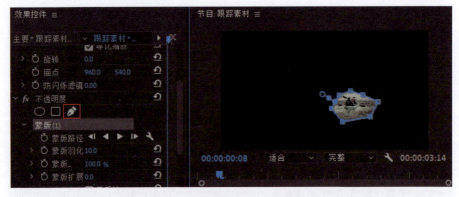

图5-51

Step 04：在"蒙版路径"中单击 ▶ "向前跟踪所选蒙版"按钮，弹出"正在跟踪"对话框，如图5-52所示。

图5-52

Step 05：完成跟踪后在"蒙版路径"上添加了跟踪的关键帧，如图5-53所示。

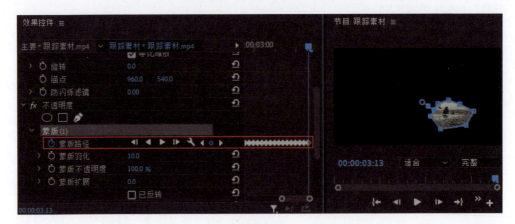

图5-53

Step 06：在时间轴的轨道V1上选择"跟踪素材"，并将其拖动到时间轴的轨道V2上，如图5-54所示。

Step 07：在"项目"面板，将"跟踪素材"拖动到时间轴的轨道V1上，如图5-55所示。

第5章 混合模式、蒙版与键控

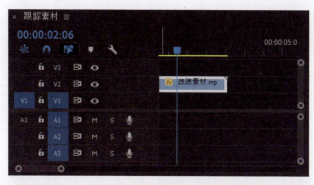

图5-54

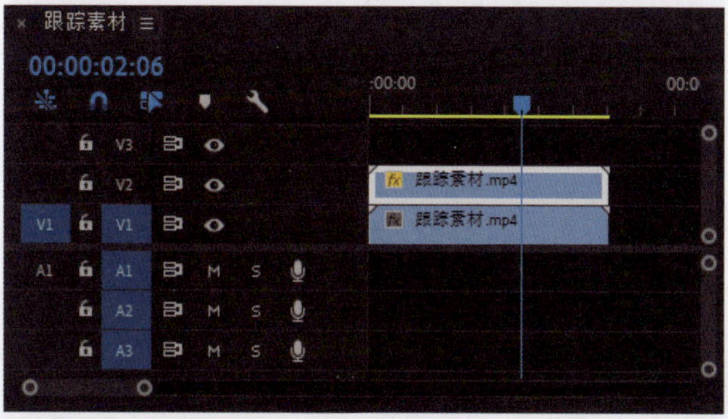

图5-55

Step 08：选择时间轴的轨道V2上的"跟踪素材"，在"效果控件"面板，将"位置"设为（450,670），"蒙版羽化"设为100，如图5-56所示。

图5-56

159

Step 09:这样就在"节目"面板中添加了相同运动轨迹的小船。

Step 10:选择时间轴的轨道V2上的"跟踪素材",单击鼠标右键,在弹出的快捷菜单中执行"复制"命令,选择时间轴的轨道V3,按"Ctrl+V"组合键粘贴"跟踪素材",如图5-57所示。

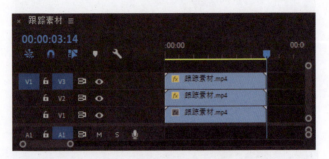

图5-57

Step 11:在"效果控件"面板,将时间轴的轨道V3上的"跟踪素材"的"位置"设为(780,720),如图5-58所示。

图5-58

调整后的"节目"面板效果如图5-59所示。

图5-59

## 5.2.4 "人物字幕条"效果制作

下面介绍使用蒙版制作"人物字幕条"效果的案例。

Step 01：打开Premiere Pro软件，新建项目，新建序列，打开"新建字幕"窗口，如图5-60所示。

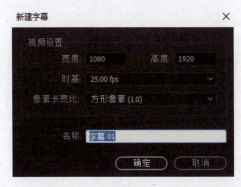

图5-60

Step 02：单击"确定"按钮，打开"旧版标题"窗口，如图5-61所示。

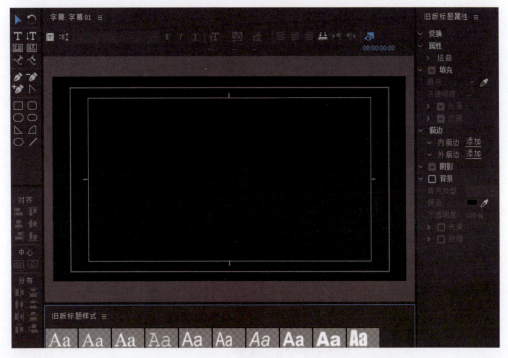

图5-61

Step 03：使用"矩形工具"绘制矩形形状，如图5-62所示。

图5-62

Step 04：在"项目"面板将"字幕01"拖动到时间轴的轨道V1上，如图5-63所示。

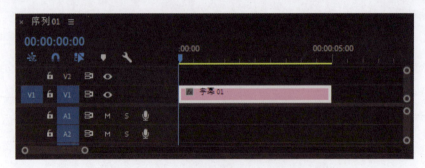

图5-63

Step 05：继续使用"矩形工具"绘制矩形形状，如图5-64所示。

Step 06：关闭"旧版标题"窗口，将"字幕02"拖动到时间轴的轨道V2上，如图5-65所示。

Step 07：选择时间轴上的轨道V1，使用"效果控件"面板的"不透明度"下的"矩形工具"绘制"矩形"蒙版，将该蒙版移动到矩形形状上方，如图5-66所示。

第5章 混合模式、蒙版与键控

图5-64

图5-65

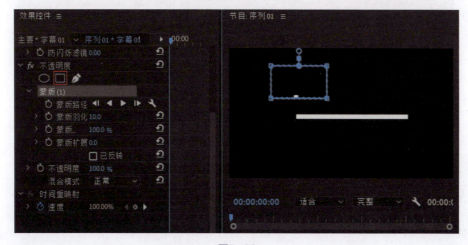

图5-66

163

Step 08：将时间线移动到开始位置，在"蒙版路径"前单击 "切换动画"按钮，添加关键帧，如图5-67所示。

图5-67

Step 09：将时间线移动到00:00:02:00，调整蒙版路径的位置，如图5-67所示。

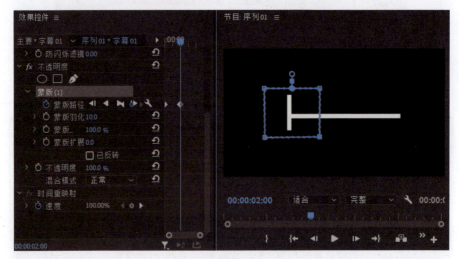

图5-68

这样就完成了垂直线条的动画，下面制作文字动画。

Step 10：在时间轴上选择"字幕02"，使用"效果控件"面板的"不透明度"下的"矩形工具"绘制"矩形"蒙版，然后移动该蒙版的位置，将时间线移动到

00:00:01:18，在蒙版路径上添加关键帧，如图5-69所示。

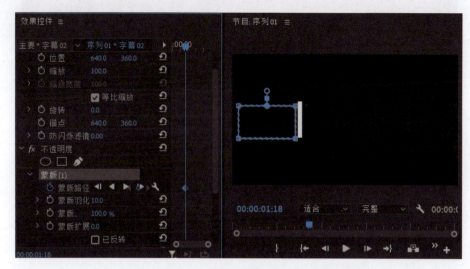

图5-69

Step 11：将时间线移动到00:00:03:20，调整蒙版路径，如图5-70所示。

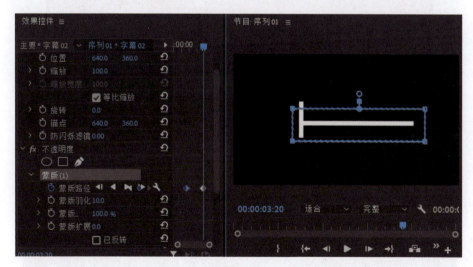

图5-70

Step 12：使用"文字工具"输入文字"人物姓名"，如图5-71所示。

Step 13：在"时间轴"面板，将文字的开始位置移动到00:00:02:05，如图5-72所示。

Step 14：将时间线移动到00:00:02:05，将"位置"Y轴参数设为250，在"位置"前单击 "切换动画"按钮，添加关键帧，如图5-73所示。

图5-71

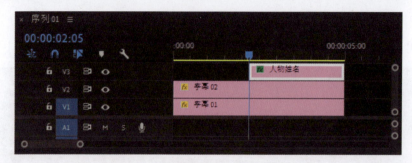

图5-72

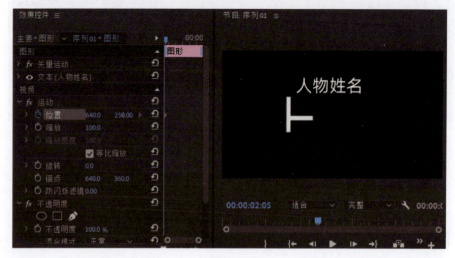

图5-73

Step 15：将时间线移动到00:00:03:20，将"位置"设为（640,340），如图5-74所示。

图5-74

这样就完成了文字动画效果，下面来制作人物字幕条介绍动画。

Step 16：使用"文字工具"输入文本"人物字幕条介绍"，如图5-75所示。

图5-75

Step 17：在时间轴上将文字动画的开始位置移动到00:00:03:10，如图5-76所示。

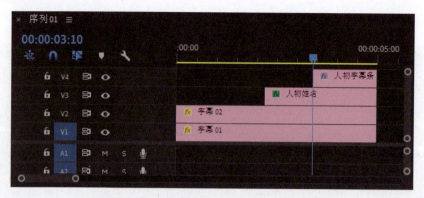

图5-76

Step 18：在"项目"面板导入"头像"素材文件，将"头像"素材文件拖动到时间轴上，如图5-77所示。

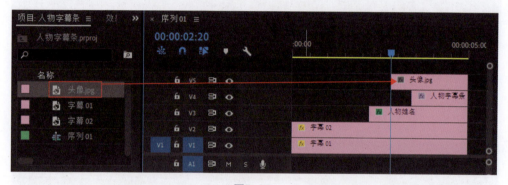

图5-77

Step 19：在"效果控件"面板将"头像"素材文件的"位置"设为（259,360），"缩放"设为54，如图5-78所示。

Step 20：在"不透明度"下使用"矩形工具"绘制蒙版，调整蒙版的形状和位置，在"头像"素材的开始位置单击"蒙版路径"前的 ⌀ "切换动画"按钮，添加关键帧，如图5-79所示。

Step 21：将时间线移动到00:00:04:00，调整"蒙版路径"的形状，如图5-80所示。

按空格键播放视频，这样就完成了"人物字幕条"效果的制作，保存文件，方便以后调用。

第5章 混合模式、蒙版与键控

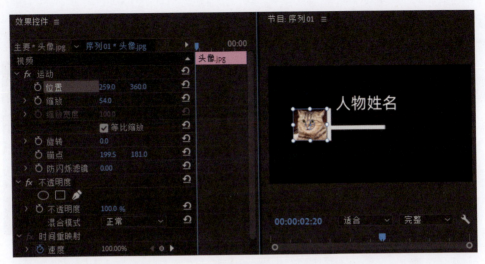

图5-78

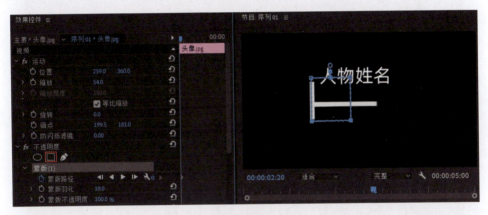

图5-79

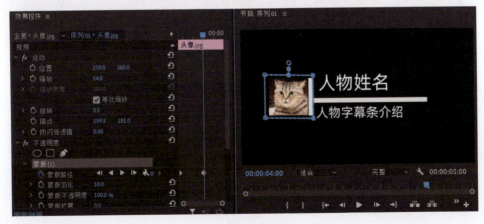

图5-80

## 5.2.5 抖音短视频结尾的"关注"效果制作

下面介绍制作抖音短视频结尾的"关注"效果的案例。

Step 01：打开Premiere Pro软件，新建项目，导入素材文件，如图5-81所示。

Step 02：打开"新建序列"窗口，将"帧大小"设为（1080 水平,1920 垂直），如图5-82所示。

图5-81

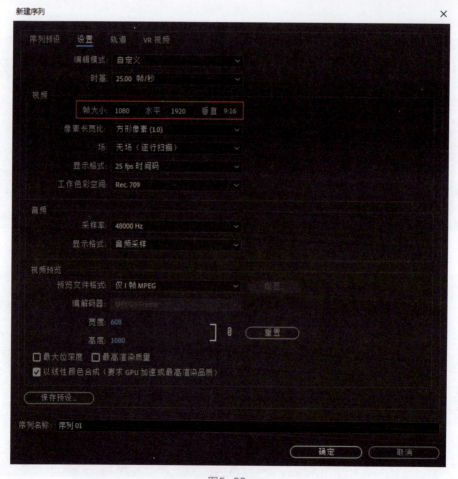

图5-82

## 第5章　混合模式、蒙版与键控

Step 03：单击"确定"按钮，创建序列，在"项目"面板的工具箱中选择"椭圆工具"，在"节目"面板绘制圆形，将"填充"设为"黄色"，"描边"设为"白色"，"描边大小"设为10，如图5-83所示。

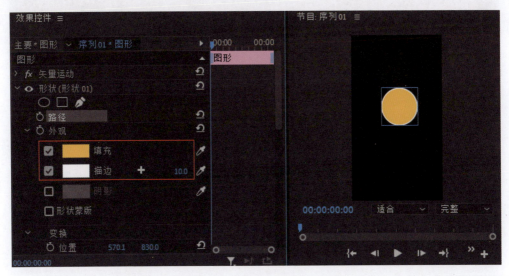

图5-83

Step 04：将时间线移动到开始位置，将"锚点"设为（540,837），"缩放"设为10，单击"缩放"前的 ⓞ "切换动画"按钮，添加关键帧，如图5-84所示。

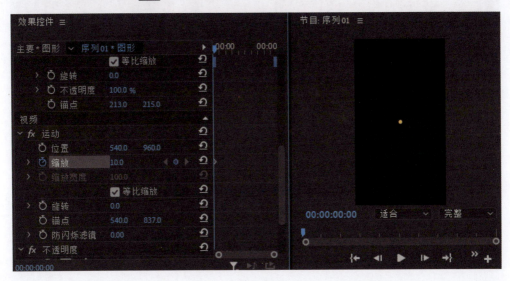

图5-84

Step 05：将时间线移动到00:00:01:00，将"缩放"设为100，如图5-85所示。

图5-85

Step 06：在"项目"面板将"卡通形象"素材文件拖动到时间轴上，将"位置"设为（549,1170），"缩放"设为78，如图5-86所示。

图5-86

Step 07：在"不透明度"下使用"椭圆工具"绘制圆形，然后调整形状，如图5-87所示。

第5章 混合模式、蒙版与键控

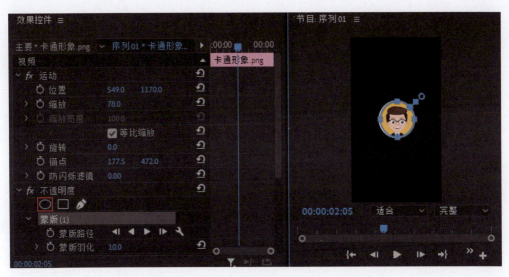

图5-87

Step 08:将时间线移动到00:00:01:08,在"位置"和"缩放"前单击 "切换动画"按钮,添加关键帧,如图5-88所示。

图5-88

Step 09:将时间线移动到00:00:00:09,将"位置"设为(549,875),"缩放"设为18,如图5-89所示。

173

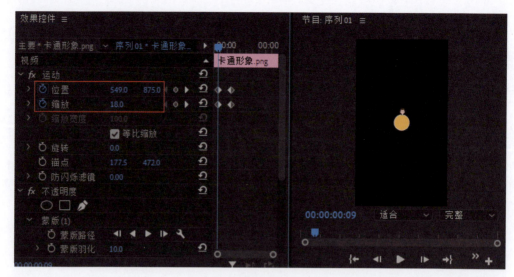

图5-89

Step 10：在时间轴上对"卡通形象"素材文件进行剪辑，把前面的9帧剪掉，如图5-90所示。

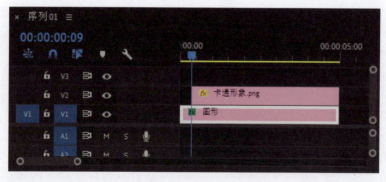

图5-90

Step 11：在时间轴上选择"卡通形象"和"图形"素材文件，单击鼠标右键，在弹出的快捷菜单中执行"嵌套"命令，创建"嵌套序列01"，将"嵌套序列01"移动到时间轴的轨道V3上，如图5-91所示。

Step 12：在"项目"面板，将"特效素材1"和"特效素材2"拖动到"时间轴"面板，并在"时间轴"面板调整其位置，如图5-92所示。

Step 13：在菜单栏中执行"文件">"新建">"旧版标题"命令，打开"旧版标题"窗口，使用"椭圆工具"绘制圆形，将"颜色"设为红色，如图5-93所示。

第5章 混合模式、蒙版与键控

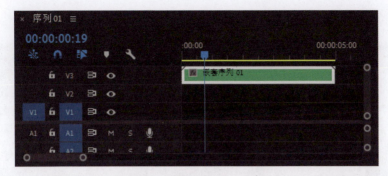

图5-91

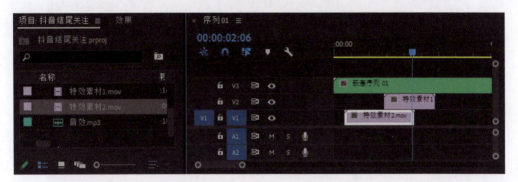

图5-92

图5-93

Step 14:再使用"矩形工具"绘制2个矩形,如图5-94所示。

图5-94

Step 15:关闭"旧版标题"窗口,将"字幕 01"拖动到时间轴的00:00:01:15,如图5-95所示。

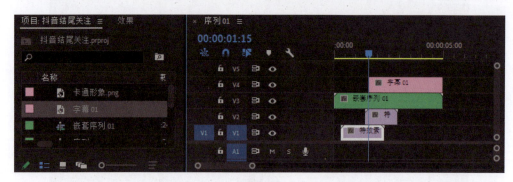

图5-95

Step 16:在"项目"面板,选择"字幕 01",单击鼠标右键,在弹出的快捷菜单中执行"复制"命令,将复制的字幕命名为"字幕 02",如图5-96所示。

图5-96

Step 17：在"项目"面板双击"字幕 02"，删除白色的矩形，将圆形的颜色改为红色，使用"钢笔工具"绘制对号形状，将"线宽"设为15，如图5-97所示。

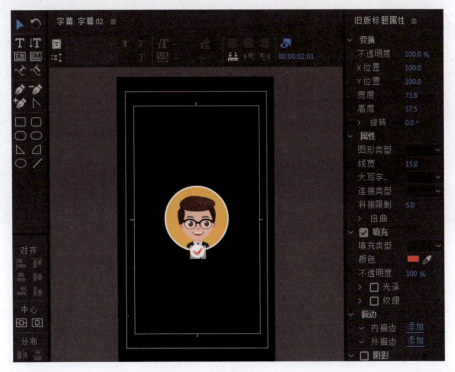

图5-97

Step 18：关闭"旧版标题"窗口，将"字幕 02"拖动到时间轴的00:00:02:00，如图5-98所示。

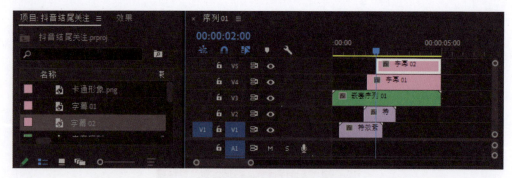

图5-98

Step 19：使用"文字工具"输入文本"关注不迷路"，如图5-99所示。

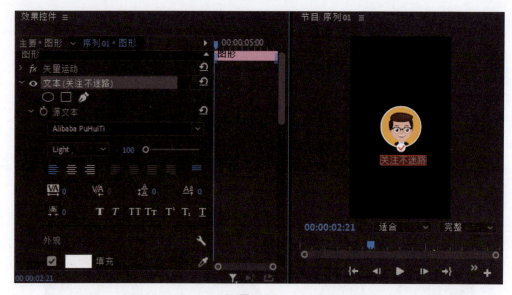

图5-99

Step 20：在"效果"面板选择"交叉溶解"效果，并将其拖动到时间轴上素材文件的开始位置，如图5-100所示。

Step 21：在时间轴上选择"交叉溶解"效果，在"效果控件"面板将"持续时间"设为00:00:00:10，如图5-101所示。

Step 22：在"项目"面板，将"音效"文件拖动到时间轴上对应的位置，如图5-102所示。

## 第5章 混合模式、蒙版与键控

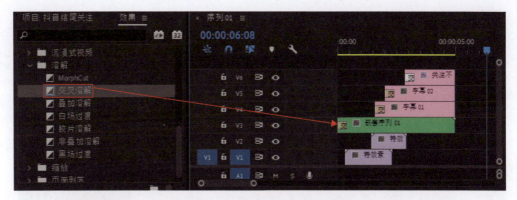

图5-100

图5-101

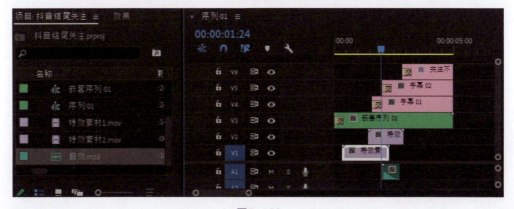

图5-102

179

Step 23：按空格键播放视频，保存项目文件，渲染和导出视频。

至此，我们就完成了抖音短视频结尾的"关注"效果制作。

## 5.3 键控

"键控"效果一般用来抠除人物背景，使背景变为透明，再将人物和新的背景进行合成。

"键控"效果包括Alpha调整、亮度键、图像遮罩键、差值遮罩、移除遮罩、超级键、轨道遮罩键、非红色键、颜色键，如图5-103所示。

Alpha调整：可以选择一个画面作为参考，按照它的灰度等级决定该画面的叠加效果，并通过调整"不透明度"参数得到不同的画面效果。

亮度键：可以将被叠加画面的灰度值设为透明，从而保持色度不变。

图像遮罩键：可以使用一个遮罩图像的Alpha通道或者亮度值来控制素材文件的透明区域。

图5-103

差值遮罩：在为对象建立遮罩后可建立透明区域，显示出该图像下方的素材文件。

移除遮罩：在为对象定义遮罩后，可以在对象上方建立一个遮罩轮廓，将带有白色或者黑色的区域转换为透明效果并进行移除。

超级键：可以使用"吸管工具"在画面中吸取需要抠除的颜色。

轨道遮罩键：可以通过亮度值来定义蒙版层的透明度。

非红色键：可以叠加带有蓝色背景的素材文件并将蓝色或绿色变为透明区域。

颜色键：可以使用"吸管工具"吸取画面中的颜色，并可以将该颜色变为透明效果。

### 5.3.1 "亮度键"效果

"亮度键"效果用来分离画面中的亮部和暗部区域，通过较高的亮度反差实现主体和背景的分离，下面介绍其使用方法。

Step 01：新建项目，将"背景素材"和"鸟素材"导入"项目"面板，并将其拖动到"时间轴"面板，如图5-104所示。

## 第5章 混合模式、蒙版与键控

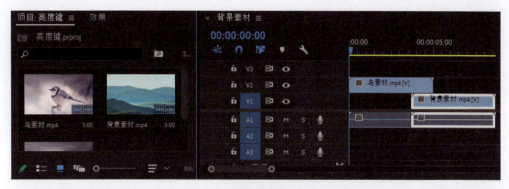

图5-104

**Step 02**：在这两个素材文件重叠的位置使用"剃刀工具"进行剪辑，然后给"鸟素材"后面部分添加"亮度键"效果，如图5-105所示。

图5-105

**Step 03**：选择"鸟素材"后面的部分，在"效果控件"面板将"亮度键"下的"阈值"设为0%，如图5-106所示。

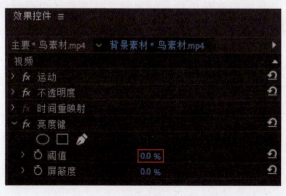

图5-106

**Step 04**：将时间线移动到该部分的位置，如图5-107所示。

图5-107

**Step 05**：在"效果控件"面板的"亮度键"下的"阈值"和"屏蔽度"前单击 ⏱ "切换动画"按钮，添加关键帧，如图5-108所示。

图5-108

**Step 06**：将时间线移动到00:00:04:10，将"亮度键"下的"阈值"设为20%，"屏蔽度"设为70%，如图5-109所示。

图5-109

第5章 混合模式、蒙版与键控

Step 07：将时间线移动到00:00:04:24，将"亮度键"下的"阈值"设为100%，"屏蔽度"设为100%，如图5-110所示。

图5-110

Step 08：按空格键播放视频，可以实现通过"亮度键"效果把两段视频进行切换动画，最后保存文件。

## 5.3.2 "轨道遮罩键"效果

下面介绍使用"轨道遮罩键"效果制作水墨笔刷遮罩的案例。

Step 01：打开Premiere Pro软件，新建项目，导入素材文件，如图5-111所示。

图5-111

Step 02：将"素材2"拖动到"时间轴"面板，新建序列，再将"素材"和"画笔素材"拖动到"时间轴"面板，如图5-112所示。

183

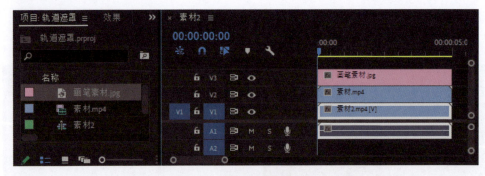

图5-112

Step 03：打开"效果"面板，将"轨道遮罩键"效果拖动到时间轴的轨道V2的"素材"上，如图5-113所示。

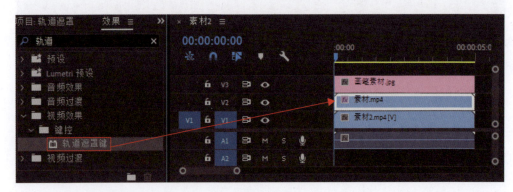

图5-113

Step 04：在时间轴上选择"素材"，在"效果控件"面板展开"轨道遮罩键"的属性，如图5-114所示。

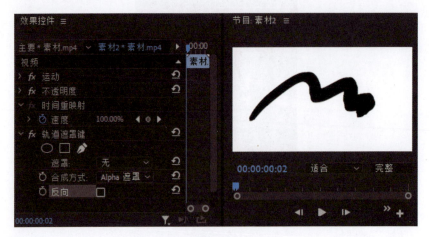

图5-114

第5章 混合模式、蒙版与键控

Step 05：将"遮罩"选择"视频3"，"合成方式"选择"亮度遮罩"，如图5-115所示。

图5-115

使用"轨道遮罩键"效果可以让视频通过水墨笔刷遮罩进行显示。

## 5.3.3 "差值遮罩"效果

下面介绍使用"差值遮罩"效果制作溶解转场的案例。

Step 01：打开Premiere Pro软件，新建项目，导入素材文件，如图5-116所示。

Step 02：将"素材"拖动到时间轴的轨道V1上，新建序列，再将"素材2"拖动到时间轴的轨道V2上，如图5-117所示。

图5-116

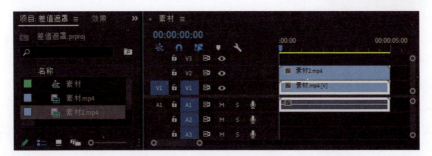

图5-117

185

Step 03：打开"效果"面板，将"差值遮罩"效果拖动到"素材2"上，如图5-118所示。

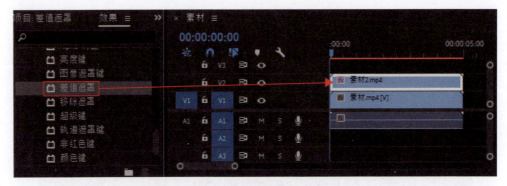

图5-118

Step 04：在"效果控件"面板展开"差值遮罩"效果，将"差值图层"选择"视频1"，如图5-119所示。

图5-119

Step 05：在"匹配容差"、"匹配柔和度"和"差值前模糊"前单击 "切换动画"按钮，添加关键帧，如图5-120所示。

Step 06：将时间线移动到00:00:04:24，将"匹配容差"设为100%，"匹配柔和度"设为20%，"差值前模糊"设为5，如图5-121所示。

Step 07：按空格键播放视频，即可看到使用"差值遮罩"效果制作的溶解转场。

第5章 混合模式、蒙版与键控

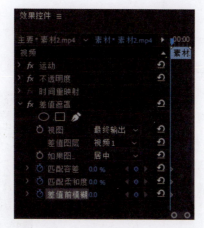

图5-120

图5-121

## 5.3.4 "超级键"效果

通常使用"超级键"效果进行抠像，首先通过"吸管工具"吸取画面的背景色，然后将背景色调整为透明效果，最后将人物和新的背景进行合成。下面来了解"超级键"效果的参数面板，如图5-122所示。

输出：可以设置素材文件的输出类型，包括合成、Alpha通道、颜色通道。

设置：可以设置抠像的类型，包括默认、弱

图5-122

效、强效、自定义。

　　主要颜色：可以吸取背景的颜色。

　　遮罩生成：可以设置遮罩的方式，包括透明度、高光、阴影、容差和基值。

　　遮罩清除：可以调整遮罩的属性类型。

　　溢出抑制：可以调整对溢出色彩的抑制。

　　颜色校正：可以对素材文件的颜色进行校正，包括饱和度、色相和明亮度。

　　下面使用"超级键"效果对素材文件进行抠像。

Step 01：打开Premiere Pro软件，新建项目，导入素材文件，如图5-123所示。

Step 02：创建序列，将"素材"移动到时间轴的轨道V2上，如图5-124所示。

图5-123

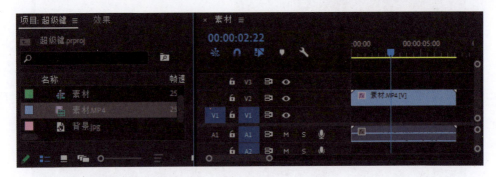

图5-124

Step 03：将"背景"素材文件移动到时间轴的轨道V1上，如图5-125所示。

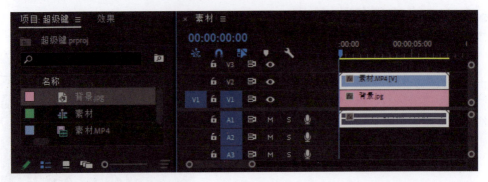

图5-125

Step 04：打开"效果"面板，将"超级键"效果拖动到时间轴的"素材"上，如

第5章 混合模式、蒙版与键控

图5-126所示。

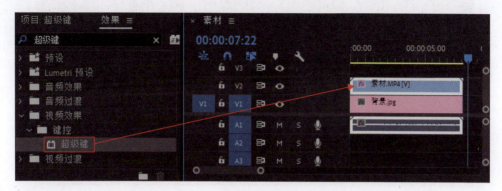

图5-126

Step 05：打开"效果控件"面板，展开"超级键"效果，如图5-127所示。

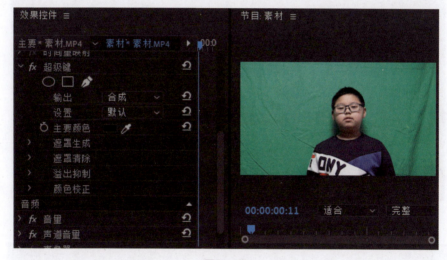

图5-127

Step 06：使用"主要颜色"的"吸管工具"吸取背景颜色，将"输出"选择"Alpha通道"，如图5-128所示。

Step 07：展开"遮罩生成"，将"透明度"设为23，"高光"设为0，"阴影"设为0，"容差"设为67，"基值"设为28。展开"遮罩清除"效果，将"抑制"设为10，如图5-129所示。

Step 08：在"超级键"下将"输出"选择"合成"，如图5-130所示。

Step 09：在"项目"面板新建"调整图层"，将"调整图层"拖动到"时间轴"面板，如图5-131所示。

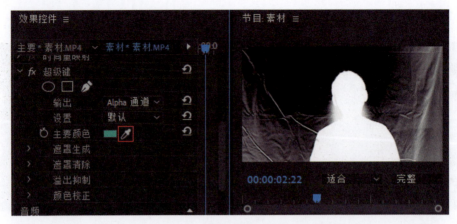

图5-128

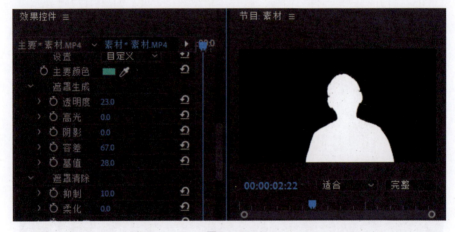

图5-129

图5-130

第5章 混合模式、蒙版与键控

图5-131

Step 10：在"效果"面板选择"Lumetri 颜色"效果，并将其拖动到"调整图层"上，如图5-132所示。

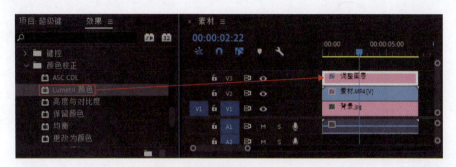

图5-132

Step 11：在"效果控件"面板展开"Lumetri 颜色"效果，调整RGB曲线，如图5-133所示。

图5-133

至此，就完成了使用"超级键"效果进行抠像。

# 第6章

## 视频调色

本章主要介绍Premiere Pro软件中各类调色效果的使用方法和调色流程，以及讲解Lumetri 颜色和LUT 预设的使用方法。调色效果主要包括"图像控制"效果和"颜色校正"效果。

# 6.1 "图像控制"效果

Premiere Pro软件中的"图像控制"效果包括灰度系数校正、颜色平衡（RGB）、颜色替换、颜色过滤和黑白，如图6-1所示。

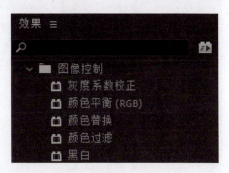

灰度系数校正：用来对素材文件的明暗程度进行调整。

颜色平衡（RGB）：用来调整红色、绿色、蓝色三个通道的参数。

颜色替换：用来替换画面中的颜色。

颜色过滤：可以将画面中的部分颜色设为灰色。

黑白：可以将素材文件设为黑白色调。

图6-1

## 6.1.1 "灰度系数校正"效果

"灰度系数校正"效果可以对素材文件的明暗程度进行校正，"灰度系数"值越小，画面越亮，如图6-2所示。"灰度系数"值越大，画面越暗，如图6-3所示。

图6-2

图6-3

## 6.1.2 "颜色平衡（RGB）"效果

"颜色平衡（RGB）"效果可以调整画面中三原色的参数，可以对红色、绿色、蓝色三个通道进行单独调整，如图6-4所示。

图6-4

如果增加"红色"数值，则可以增加画面中的红色，如图6-5所示。

如果增加"绿色"数值，则可以增加画面中的绿色，如图6-6所示。

如果增加"蓝色"数值，则可以增加画面中的蓝色，如图6-7所示。

第6章 视频调色

图6-5

图6-6

图6-7

## 6.1.3 "颜色替换"效果

"颜色替换"效果可以将目标颜色替换为所选择的颜色,其参数主要包括"相似性"、"目标颜色"和"替换颜色",如图6-8所示。

图6-8

使用"目标颜色"的"吸管工具"吸取画面中的白色,在"替换颜色"中选择咖啡色,这样就可以替换画面中的颜色,"相似性"用来设置容差值的范围,如图6-9所示。

图6-9

## 6.1.4 "颜色过滤"效果

"颜色过滤"效果可以将画面中的颜色通过"相似性"设为灰度效果,其参数主要

# 第6章 视频调色

包括"相似性"和"颜色",原始素材文件的效果如图6-10所示。

图6-10

对素材文件添加"颜色过滤"效果后,将"颜色"设为红色,"相似性"设为45,这样画面中的红色范围将被保留下来,其他为灰色,"节目"面板效果如图6-11所示。

图6-11

## 6.1.5 "黑白"效果

"黑白"效果可以将视频转换为黑白色调,该效果没有参数,如图6-12所示。

图6-12

## 6.2 "颜色校正"效果

"颜色校正"效果主要包括ASC CDL、Lumetri 颜色、亮度与对比度、保留颜色、均衡、更改为颜色、色彩、视频限制器、通道混合器、颜色平衡和颜色平衡（HLS），如图6-13所示。

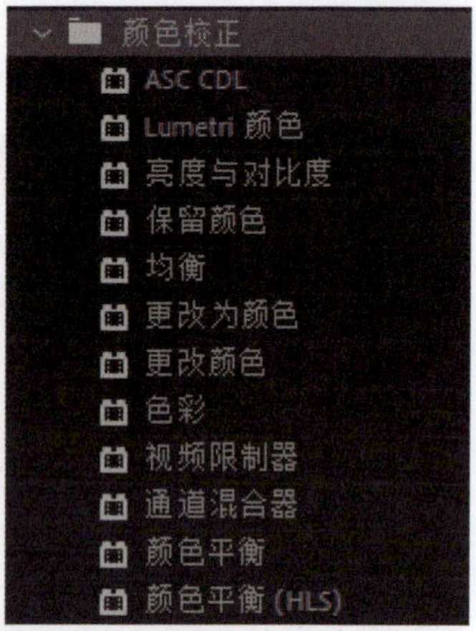

**ASC CDL**：可以对素材文件中的红色、绿色、蓝色的色相和饱和度进行调整。

**Lumetri 颜色**：可以对素材文件中的通道进行调色。

**亮度与对比度**：可以用来调整素材文件的亮度和对比度。

**保留颜色**：可以保留画面中的单一颜色。

**均衡**：可以对RGB、亮度自动设置来调整素材文件的颜色。

图6-13

**更改为颜色**：可以将素材文件中的一种颜色更改为另一种颜色。

**色彩**：可以通过更改颜色对素材文件进行颜色变换处理。

**视频限制器**：可以对素材文件中的颜色进行限幅调整。

**通道混合器**：可以针对素材文件中的单个通道进行调色。

**颜色平衡**：用来调整画面中的阴影、中间色和高光。

**颜色平衡（HLS）**：用来调整色相、饱和度和亮度。

## 6.2.1 "ASC CDL"效果

"ASC CDL"效果可以对素材文件的红色、绿色、蓝色通道的色相和饱和度进行调整，如图6-14所示。

图6-14

红色斜率：用来调整素材文件中红色的斜率值，其斜率值越大，画面越偏红色，其斜率值越小，画面中的红色越少。

红色偏移：用来调整素材文件中红色的偏移程度。

红色功率：用来调整素材文件中红色功率的大小，如图6-15所示。

图6-15

绿色斜率：用来调整素材文件中绿色的斜率值，其斜率值越大，画面越偏绿色，其斜率值越小，画面中的绿色越少。

绿色偏移：用来调整素材文件中绿色的偏移程度。

绿色功率：用来调整素材文件中绿色功率的大小，如图6-16所示。

图6-16

蓝色斜率：用来调整素材文件中蓝色的斜率值，其斜率值越大，画面越偏蓝色，其斜率值越小，画面中的蓝色越少。

蓝色偏移：用来调整素材文件中蓝色的偏移程度。

蓝色功率：用来调整素材文件中蓝色功率的大小，如图6-17所示。

饱和度：用来控制画面的鲜艳程度。

图6-17

## 6.2.2 "亮度与对比度"效果

"亮度与对比度"效果可以调整素材文件的"亮度"和"对比度"参数。"亮度"

用来调整画面中的明暗程度,"对比度"用来调整画面颜色的对比度,如图6-18所示。

图6-18

将"亮度"设为11,"对比度"设为24,"节目"面板效果如图6-19所示。

图6-19

## 6.2.3 "保留颜色"效果

"保留颜色"效果可以设置要保留的颜色,并将其他颜色的饱和度降低,如图6-20所示。其参数用途如下。

脱色量:用来设置色彩的脱色程度,数值越大,饱和度越低。

要保留的颜色:可以使用"吸管工具"吸取要保留的颜色。

容差:用来设置画面中的颜色差值范围。

边缘柔和度：用来设置素材文件的边缘柔和度。

匹配颜色：用来设置颜色的匹配情况，包括"使用RGB"和"色相"，如图6-21所示。

图6-20

图6-21

将"脱色量"设为100%，使用"要保留的颜色"的"吸管工具"吸取"绿色"，"容差"设为15%，"边缘饱和度"设为15%，"节目"面板效果如图6-22所示。

第6章 视频调色

图6-22

## 6.2.4 "均衡"效果

"均衡"效果的参数包括"均衡"和"均衡量"。"均衡"可以自动调整视频的颜色,包括RGB、亮度、Photoshop样式,如图6-23所示。"均衡量"用来设置画面的强度。

对视频添加"均衡"效果会自动增加对比度,如图6-24所示。

图6-23

图6-24

203

## 6.2.5 "更改为颜色"和"更改颜色"效果

在Premiere Pro软件的"颜色校正"效果下有"更改为颜色"和"更改颜色"效果。"更改为颜色"效果可以将视频中的一种颜色更改为另一种颜色,如图6-25所示。"更改颜色"效果与"更改为颜色"效果相似,可以对更改的颜色进行替换。

图6-25

"更改为颜色"效果的参数用途如下。

自颜色:可以从画面中选择一种颜色。

至颜色:可以设置所替换的颜色。

更改:可以设置更改方式,包括色相、色相和亮度、色相和饱和度、亮度和饱和度。

更改方式:可以设置颜色的变换方式,包括设为颜色和变化为颜色。

容差:可以设置色相、亮度和饱和度的数值。

柔和度:可以控制替换颜色后的柔和程度。

查看校正遮罩:勾选该复选框,会以黑白颜色显示遮罩效果。

下面将"自颜色"选择天空的蓝色,"至颜色"选择浅青色,效果如图6-26所示。

图6-26

"更改颜色"效果的参数如图6-27所示,其参数用途如下。

图6-27

视图:用来设置校正颜色的类型,包括校正颜色的图层和校正颜色的蒙版。

色相变换:用来设置素材文件的色相。

亮度变换:用来设置素材文件的亮度。

饱和度变换:用来设置素材文件的饱和度。

匹配容差:用来设置颜色差值的范围。

匹配饱和度:用来设置更改颜色的饱和度。

下面对"更改颜色"效果的参数进行调整,效果如图6-28所示。

图6-28

## 6.2.6 "色彩"效果

"色彩"效果可以对图像进行颜色变换处理,"色彩"效果的参数如图6-29所示,其参数用途如下。

205

将黑色映射到：可以将画面中的深颜色映射为黑色。

将白色映射到：可以将画面中的浅颜色映射为白色。

着色量：用来设置这两种颜色的数量。

打开Premiere Pro软件，导入素材文件，"节目"面板效果如图6-30所示。

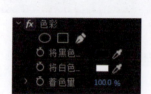

图6-29

图6-30

修改"色彩"效果的参数，"节目"面板效果如图6-31所示。

图6-31

## 6.2.7 "通道混合器"效果

"通道混合器"效果用来修改画面的色彩，如图6-32所示，其参数用途如下。

红色-红色、绿色-绿色、蓝色-蓝色：可以单独调整画面中的红色、绿色、蓝色通道的颜色。

红色-绿色、红色-蓝色：可以调整在红色通道中绿色和蓝色所占的数量。

绿色-红色、绿色-蓝色：可以调整在绿色通道中红色和蓝色所占的数量。

蓝色-红色、蓝色-绿色：可以调整在蓝色通道中红色和绿色所占的数量。

红色-恒量、绿色-恒量、蓝色-恒量：可以调整红色、绿色、蓝色通道中所占颜色的数量。

单色：勾选该复选框，视频将变成黑白色调。

图6-32

下面调整"通道混合器"效果的参数，将"红色-蓝色"设为10，"红色-恒量"设为-10，"绿色-绿色"设为105，"绿色-蓝色"设为25，"绿色-恒量"设为-30，调整后的效果如图6-33所示。

图6-33

## 6.2.8 "颜色平衡"和"颜色平衡（HLS）"效果

"颜色平衡"效果可以调整素材文件中的红色、绿色和蓝色效果，如图6-34所示，其参数用途如下。

图6-34

阴影红色平衡、阴影绿色平衡和阴影蓝色平衡：用来调整素材文件的阴影中的红色、绿色和蓝色效果。

中间调红色平衡、中间调绿色平衡、中间调蓝色平衡：用来调整中间调素材文件的红色、绿色和蓝色效果。

高光红色平衡、高光绿色平衡和高光蓝色平衡：用来调整素材文件中高光部分的红色、绿色和蓝色效果。

调整"颜色平衡"效果的参数，效果如图6-35所示。

图6-35

"颜色平衡（HLS）"效果的参数包括色相、亮度和饱和度，如图6-36所示，其参数用途如下。

色相：用来控制画面颜色的倾向。

亮度：用来调整素材文件的明亮程度。

饱和度：用来调整素材文件的鲜艳程度。

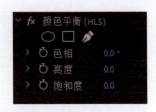

图6-36

调整"颜色平衡（HLS）"效果的参数，效果如图6-37所示。

图6-37

## 6.3 Lumetri 颜色

"Lumetri 颜色"是Premiere Pro软件中常用的调色工具，其包括基本校正、创意、曲线、色轮和匹配、HSL 辅助等多种工具。

新建项目，将素材文件拖动到"时间轴"面板，然后将"编辑"选项卡切换到"颜色"选项卡，打开"Lumetri 颜色"面板，如图6-38所示。可以对素材文件中通道的颜色进行调整。

基本校正：可以调整视频的色温、对比度、曝光度等。

创意：勾选该复选框后，可以启用创意效果。

曲线：包含现用、RGB曲线、HDR范围、色彩饱和度曲线等。

色轮和匹配：勾选该复选框后，可以使用色轮效果。

HSL 辅助：勾选该复选框后，对视频颜色调整具有辅助作用。

图6-38

## 6.3.1 基本校正

"基本校正"包括"白平衡"和"色调"两大类。

"白平衡"下包括白平衡选择器、色温和色彩。"白平衡选择器"是自动调整白平衡的一个工具,只需要使用其"吸管工具"吸取画面中间色的部分,一般选择白色或者灰色的部分,Premiere Pro软件就会自动校正偏色的问题。"色温"和"色彩"用来调整画面的颜色,如图6-39所示。

如果画面需要暖色调,则只需要将"色温"的滑块向黄色方向拖动即可,如图6-40所示。

第6章 视频调色

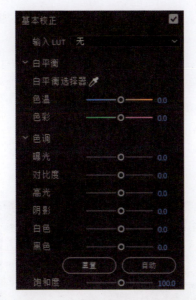

图6-39

图6-40

"色调"下包括曝光、对比度、高光、阴影、白色和黑色。

曝光：用来将画面中所有元素的亮度进行整体提高或者降低。

对比度：用来调整画面的层次感，对比度越大，画面细节越突出、清晰。

高光和白色：用来调整画面中较亮部分的颜色，主要用来增加画面的亮度部分。高

211

光增加亮度的幅度比较小,保留阴影部分的细节,白色增加亮度的幅度比较大,不保留细节部分。

阴影和黑色:用来调整画面中暗部的颜色。阴影增加暗部的幅度相对较小,但是会影响画面中的亮部,黑色增加暗部的幅度比较大,基本不影响画面的亮部。在一般情况下,我们都将其结合起来调整画面。

下面将"色温"设为-16.7,"色彩"设为-20,"曝光"设为0.5,"对比度"设为6.7,"高光"设为-36.7,"阴影"设为-20,"白色"设为13.3,"黑色"设为-36.7,调整后的效果如图6-41所示。

图6-41

## 6.3.2 曲线

"曲线"包括RGB曲线和色相饱和度曲线,下面介绍RGB曲线的使用方法。

打开Premiere Pro软件,新建项目,导入素材文件,将素材文件拖动到"时间轴"面板,创建序列,如图6-42所示。

然后将"编辑"选项卡切换到"颜色"选项卡,打开"Lumetri 颜色"面板,可以看到RGB曲线,如图6-43所示。

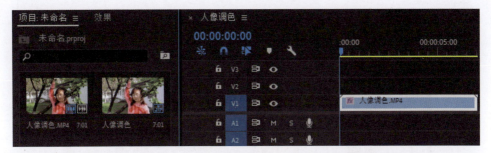

图6-42

图6-43

RGB 曲线分为RGB模式、红色模式、绿色模式和蓝色模式。

RGB模式用来调整画面整体的色彩亮度，红色模式用来调整画面中红色通道，绿色模式用来调整画面中的绿色通道，蓝色模式用来调整画面中的蓝色通道，如图6-44所示。

调整RGB曲线后的"节目"面板效果如图6-45所示。

图6-44

图6-45

## 6.3.3 色轮和匹配

"色轮和匹配"包括阴影、中间调和高光三种色轮。色轮分为色环和滑块两个部分，色环用来控制画面中的色相，滑块用来控制画面中的明暗。使用色环结合相邻色、互补色原理进行调色会更加直观，如图6-46所示。

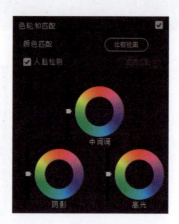

图6-46

调整高光、中间调和阴影的色轮，效果如图6-47所示。

第6章 视频调色

图6-47

## 6.3.4 HSL辅助

H、S、L分别表示色相、饱和度和亮度。色相是颜色的基本属性；饱和度是指颜色的纯度，饱和度越高，颜色越鲜艳，饱和度越低，颜色越暗淡；亮度是指颜色的明暗程度。

下面介绍"HSL辅助"的使用方法。导入素材文件，将其拖动到"时间轴"面板，如图6-48所示。

图6-48

单击"颜色"按钮，切换到"颜色"面板，展开"HSL辅助"，如图6-49所示。

215

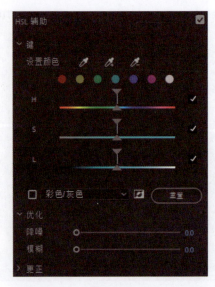

图6-49

使用"设置颜色"的"吸管工具"吸取"节目"面板中的花瓣颜色,如图6-50所示。

图6-50

展开"更正",然后调整色轮和其他参数,如图6-51所示。

调整后的"节目"面板效果如图6-52所示。

# 第6章 视频调色

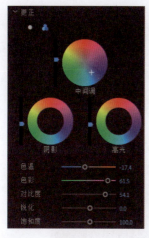

图6-51

图6-52

## 6.4 电影级的LUT预设

下面介绍LUT预设的使用方法，LUT预设可以被直接调用，方便快捷，还可以对素材文件进行批量调色。

Step 01：打开Premiere Pro软件，将"建筑素材"导入"项目"面板，再将其拖动到"时间轴"面板，如图6-53所示。

图6-53

Step 02：打开"Lumetri 颜色"面板，展开"创意"，如图6-54所示。

Step 03：单击"Look"的下拉箭头，如图6-55所示。

Step 04：选择"浏览"，打开"选择 Look 或 LUT"窗口，选择准备好的LUT预设——Abby cube，如图6-56所示。

图6-54

图6-55

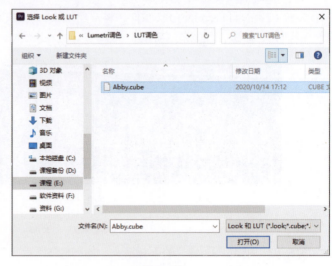

图6-56

Step 05：添加LUT预设之后，可以调整该预设的强度，控制预设的显示效果，如图6-57所示。

第6章 视频调色

图6-57

## 6.5 调色案例

下面介绍两个调色案例,在视频调色中,可以使用"色相饱和度曲线"或"RGB曲线"等进行调色。

### 6.5.1 "色相饱和度曲线"调色案例

"色相饱和度曲线"的功能非常强大,可以针对单种颜色的色相、饱和度和亮度进行调整。下面介绍使用"Lumetri 颜色"下的"色相饱和度曲线"来改变画面的颜色,可以针对整体颜色或者局部颜色进行调整。

Step 01:打开Premiere Pro软件,新建项目,导入"素材1",如图6-58所示。

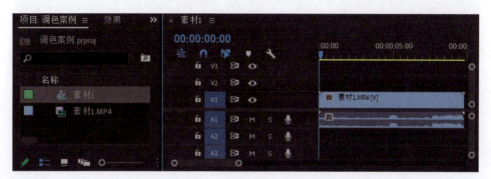

图6-58

Step 02：将"素材1"拖动到"时间轴"面板，创建序列，"节目"面板效果如图6-59所示。

图6-59

Step 03：打开"效果"面板，选择"Lumetri 颜色"效果，并将其拖动到"时间轴"面板，如图6-60所示。

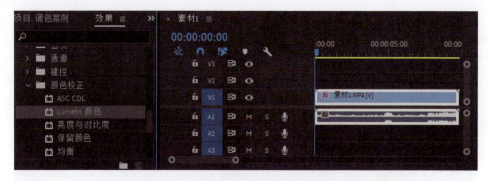

图6-60

Step 04：选择"素材1"，在"效果控件"面板展开"Lumetri 颜色"，在"色相饱和度曲线"下使用"吸管工具"吸取画面中的紫色，如图6-61所示。

Step 05：将曲线中间的标记点向下拖动到红色区域，如图6-62所示。

第6章 视频调色

图6-61

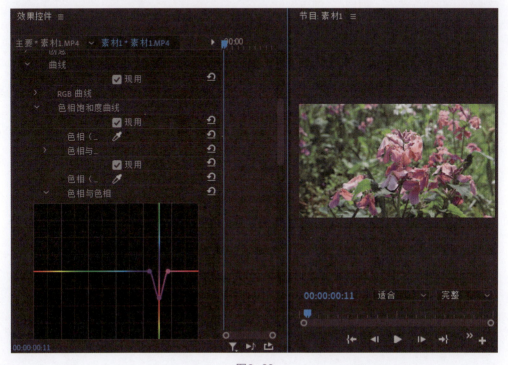

图6-62

Step 06：调整曲线两端的标记点，使紫色变得柔和。再次使用"吸管工具"吸取画面中的绿色，然后调整曲线中间的标记点，如图6-63所示。

图6-63

Step 07：在"色相饱和度曲线"下使用"吸管工具"吸取画面中花瓣的颜色，调整曲线中间的标记点，如图6-64所示。

图6-64

Step 08：可以再次使用"吸管工具"吸取花瓣周围的颜色，调整曲线，效果如图6-65所示。

第6章 视频调色

图6-65

## 6.5.2 "色轮和匹配"与"RGB曲线"调色案例

下面介绍使用"色轮和匹配"与"RGB曲线"进行调色的案例。匹配调色是根据素材文件的颜色进行匹配的,"RGB曲线"是针对整体调色或者单个通道进行调色的。

Step 01:打开Premiere Pro软件,新建项目,导入"素材3",将"素材3"拖动到"时间轴"面板,如图6-66所示。

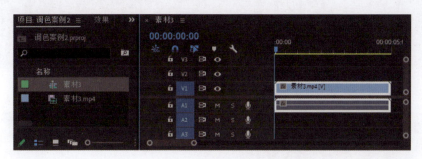

图6-66

Step 02:打开"效果"面板,选择"Lumetri 颜色"效果,将其拖动到"时间轴"面板,然后选择"素材3",打开"效果控件"面板,展开"Lumetri 颜色"下的"色轮和匹配",如图6-67所示。

Step 03:单击"比较视图"按钮,"节目"面板将分为"当前"和"参考"两个部分。在"项目"面板导入参考素材文件,并将其拖动到"时间轴"面板,在"节目"面板拖动参考素材文件的时间滑块,如图6-68所示。

Step 04:单击"应用匹配"按钮,可以将参考素材文件的颜色应用到原始视频中,如图6-69所示。

图6-67

图6-68

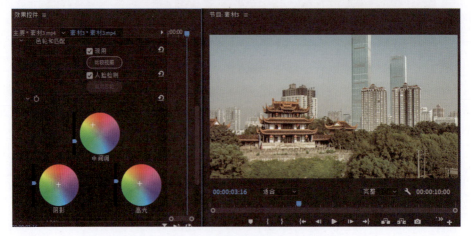

图6-69

第6章 视频调色

Step 05：也可以通过"RGB 曲线"进行调色，展开"RGB 曲线"，如图6-70所示。

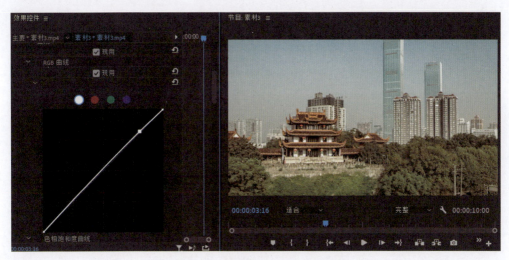

图6-70

Step 06：对红色、绿色、蓝色三个通道的曲线进行调整，如图6-71所示。

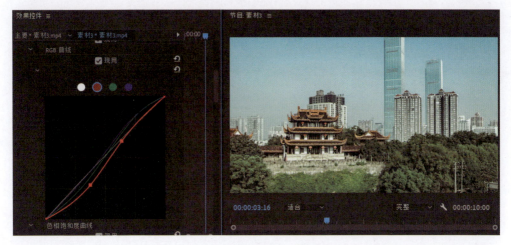

图6-71

掌握"Lumetri 颜色"调色方法后，可以根据视频的要求，对其进行整体或局部调色。

# 第7章
## 音频效果

在Premiere Pro软件中，不仅可以改变音频的音量大小，还可以制作各类音频效果，模拟出不同的声音质感，从而调整视频的氛围。本章主要介绍在Premiere Pro软件中添加音频效果的主要流程、对音频添加关键帧的方法、各类音频效果的使用方法，以及音频过渡效果的使用方法等。

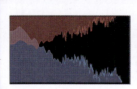  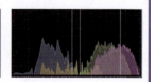

# 第7章 音频效果

## 7.1 音频效果简介

人们听到的说话声、歌声、乐器声等一切与声音相关的声波都属于音频，人们会通过声音的音调、音色及响度等辨别声音的类型。在视频中，一般通过不同的音频效果来渲染内容。

### 7.1.1 音频效果控件

在"时间轴"面板中单击音频，此时在"效果控件"面板中可以对音频的音量、声道音量、声像器等进行调整，如图7-1所示。

我们可以通过调整以下参数来改变音频效果。

旁路：相当于"取消"，勾选该复选框，将没有音频效果。

级别：可以调整音频的音量大小。

声道音量：可以调整左侧声道和右侧声道的音量大小。

声像器：可以调整音频的声像位置，以及去除响声。

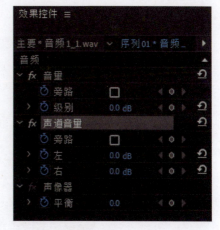

图7-1

### 7.1.2 对音频添加关键帧

对音频添加关键帧和对视频添加关键帧的方法一样，下面介绍对音频添加关键帧的方法。

Step 01：打开Premiere Pro软件，在菜单栏中执行"文件">"新建">"项目"命令，新建项目，在"项目"面板导入"音频素材"，如图7-2所示。

Step 02：将"音频素材"拖动到"时间轴"面板，在"项目"面板自动生成序列，如图7-3所示。

Step 03：选择时间轴上的"音频素材"，在"效果控件"面板展开"音量"，在调整"级别"参数时会自动添加关键帧，如图7-4所示。

图7-2

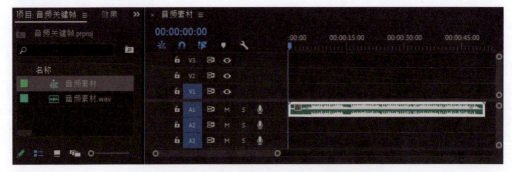

图7-3

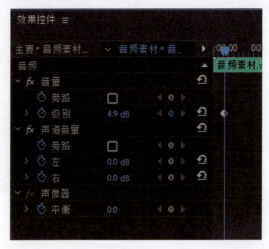

图7-4

## 7.2 "音频过渡"效果

"音频过渡"效果是对时间轴的轨道上的音频使用转场效果来实现声音的交叉过渡,其包括恒定功率、恒定增益和指数淡化,如图7-5所示。

恒定功率:能够创建平滑渐变的过渡,与视频之间的溶解过渡类似。此处的"交叉淡化"是指首先缓慢降低第1个音频,然后快速接近过渡的末端。对于第2个音频,首先快速播放音频,然后更缓慢地接近过渡的末端,如图7-6所示。

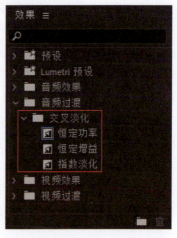

图7-5

# 第7章 音频效果

图7-6

恒定增益：是指在音频之间过渡时以恒定速率调整音频的进出。此处的音频交叉过渡有时可能听起来会比较生硬，如图7-7所示。

图7-7

指数淡化：可以淡出位于平滑对数曲线上方的第1个音频，同时自下而上淡入同样位于平滑对数曲线上方的第2个音频。在"对齐"下拉菜单中选择一个选项，可以指定过渡的定位，如图7-8所示。

图7-8

## 7.3 音频效果的使用方法

在音频的"效果"面板中有很多音频处理效果，包括振幅与压限、延迟与回声、滤波器和EQ、调制、降噪/恢复、混响、特殊效果、立体声声像、时间与变调、平衡、静音和音量,如图7-9所示。

图7-9

## 7.3.1 "振幅与压限"效果

"振幅与压限"效果包括通道混合器、多频段压缩器、电子管建模压缩器、强制限幅、单频段压缩器、动态、动态处理、增幅、声道音量、消除齿音,如图7-10所示。

通道混合器:可以改变立体声或环绕声道的平衡,可以调整声音的外观位置、校正不匹配的音频或解决相位问题。

多频段压缩器:可以单独压缩四种不同的频段。由于每种频段通常包含唯一的动态内容,因此多频段压缩器对于处理音频母带是一个强大的工具。

将多频段压缩器拖动到音频上,其"效果控件"面板如图7-11所示。

图7-10

在"自定义设置"上单击"编辑"按钮,打开"剪辑效果编辑器"窗口,在"剪辑效

## 第7章 音频效果

果编辑器"窗口中有很多参数，如图7-12所示。

**电子管建模压缩器**：可以模拟复古硬件压缩器的"温暖"感觉，能够使音频增色。

**强制限幅**：可以大幅减弱高于指定阈值的音频。通过增强输入施加限制，这是一种可以提高整体音量且避免扭曲的方法。

**单频段压缩器**：可以减少动态范围，从而产生一致的音量并提高感知响度。其对于画外音有效，因为它有助于在音频和背景音乐中突显语音。

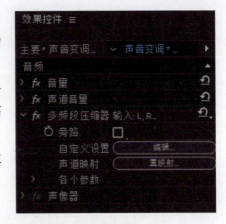

图7-11

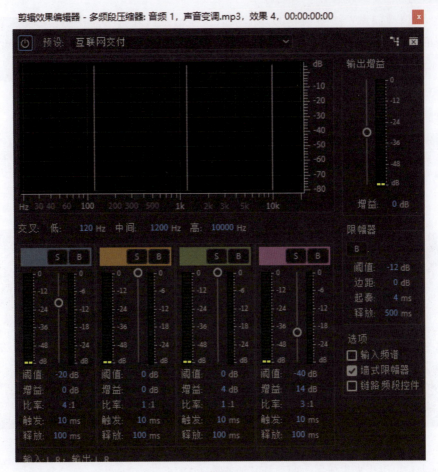

图7-12

动态：包含自动门、压缩器、扩展器和限幅器。你可以单独控制每个部分。

动态处理：可以用作压缩器、限幅器或扩展器。作为压缩器和限幅器时，此效果可以减少动态范围，产生一致的音量。

增幅：可以增强或减弱音频信号。由于该效果是实时生效的，可以与其他效果组合使用。

声道音量：用于独立控制立体声、5.1剪辑或轨道中的每条声道的音量。

消除齿音：可以消除齿音和其他高频"嘶嘶"类型的声音。当演唱者发出"s"和"t"的声音时，通常会生成此类声音。

## 7.3.2 "延迟与回声"效果

"延迟与回声"效果包括多功能延迟、模拟延迟和延迟，如图7-13所示。

多功能延迟：可以为原始音频添加最多四个回声。

模拟延迟：可以模拟老式延迟装置的"温暖声音"特性，能够应用扭曲特性并调整立体声扩展。

图7-13

将"模拟延迟"效果拖动到时间轴上，其"效果控件"面板如图7-14所示。在"自定义设置"右侧单击"编辑"按钮，打开"剪辑效果编辑器"窗口，可以调整"模拟延迟"效果，如图7-15所示。

图7-14

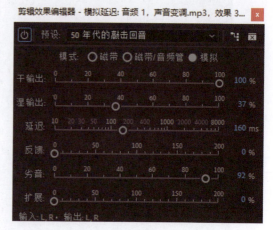

图7-15

延迟：可以用来生成单一回声和其他效果。

## 7.3.3 "滤波器和EQ"效果

"滤波器和EQ"效果包括带通、FFT 滤波器、低通、低音、陷波滤波器、简单的陷波滤波器、简单的参数均衡、参数均衡器、图形均衡器、科学滤波器、高通、高音，如图7-16所示。

带通：可以移除在指定范围外发生的频率或频段。

FFT 滤波器：可以轻松抑制或提升特定频率的曲线或陷波。FFT 代表"快速傅立叶变换"，是一种用来快速分析频率和振幅的算法。

低通：可以消除高于指定"屏蔽度"的频率。

低音：用来增大或减小低频（200 Hz 及更低）。

陷波滤波器：可以去除最多六个用户定义的频段。使用此效果可消除窄频段（如60 Hz 杂音），同时将所有周围的频率保持原状。

图7-16

参数均衡器：可以最大限度地控制音调均衡。它提供了对于频率、EQ 和增益设置的全面控制。

图形均衡器：可以增强或减弱特定频段，并可以直观地表示生成的EQ曲线。与参数均衡器不同，图形均衡器使用预设频段进行快速简单的均衡调整。

我们可以采用以下间隔时间隔开频段：

一个八度音阶（10个频段）

二分之一八度音阶（20个频段）

三分之一八度音阶（30个频段）

图形均衡器的频段越少，调整得越快；其频段越多，调整得越慢，但精度越高。

将图形均衡器（10段）拖动到时间轴上，其"效果控件"面板如图7-17所示。

在"自定义设置"上单击"编辑"按钮，打开"剪辑效果编辑器"窗口，可以调整参数，如图7-18所示。

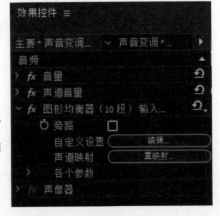

图7-17

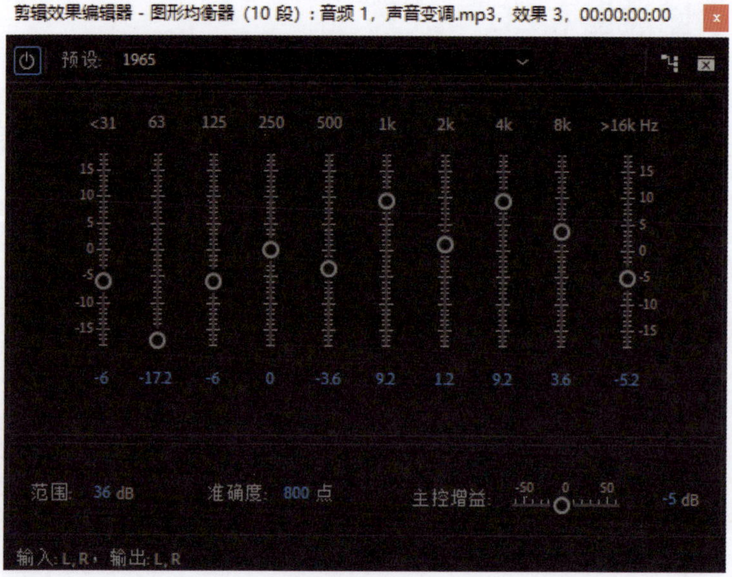

图7-18

科学滤波器：用来对音频进行高级操作。

高通：可以消除低于指定"屏蔽度"的频率。

高音：用来增高或降低高频（4000 Hz及以上）。

## 7.3.4 "调制"效果

"调制"效果包括镶边、和声/镶边和移相器，如图7-19所示。

镶边：是一种音频效果，通过混合与原始信号大致等比例的可变短时间延迟，将产生镶边效果。

和声/镶边：组合了两种流行的基于延迟的效果。"和声"可一次模拟多个语音或乐器，其原理是通过少量反馈添加多个短延迟，将产生丰富动听的声音，使用此效果可以增强人声音轨或为单声道音频添加立体声空间感。

图7-19

移相器：与镶边类似，相位调整会移动音频信号的相位，并将其与原始信号重新合并，从而创造出打击乐效果。

## 7.3.5 "降噪/恢复"效果

"降噪/恢复"效果包括降噪、减少混响、消除嗡嗡声和自动咔嗒声移除，如图

第7章　音频效果

7-20所示。

降噪：可以降低或完全消除音频中的噪声。噪声包括不需要的嗡嗡声、嘶嘶声、风扇噪声、空调噪声或其他背景噪声。

在"效果"面板将"降噪"效果拖动到时间轴上，其"效果控件"面板如图7-21所示。

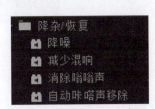

图7-20

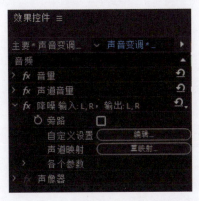

图7-21

在"自定义设置"上单击"编辑"按钮，打开"剪辑效果编辑器"窗口，可以调整"降噪"效果，如图7-22所示。

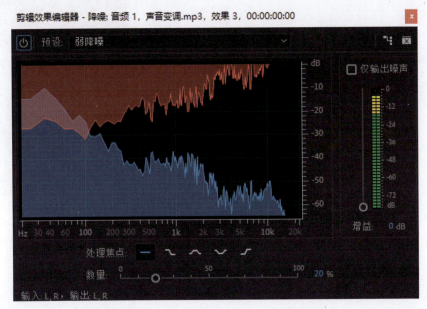

图7-22

减少混响：可以消除混响曲线且可以辅助调整混响量，其值的范围从0%到100%，并可以控制音频信号的处理量。

消除嗡嗡声：可以消除窄频段及其谐波。一般用于处理照明设备和电子设备电线发出的嗡嗡声。

自动咔嗒声移除：可以快速消除黑胶唱片中的噼啪声和静电噪声。

## 7.3.6 "混响"效果

"混响"效果包括卷积混响、室内混响和环绕声混响，如图7-23所示。

卷积混响：可以重现从衣柜到音乐厅的各种空间，基于卷积的混响，使用脉冲文件模拟声学空间。

室内混响：可以模拟声学空间。

环绕声混响：主要用于5.1音源，也可以为单声道或立体声音源提供环绕声环境。

图7-23

## 7.3.7 特殊效果

"特殊效果"包括吉他套件、用右侧填充左侧、用左侧填充右侧、Binauralizer-Ambisonics、扭曲、Panner-Ambisonics、互换声道、人声增强、反转、母带处理、雷达响度计，如图7-24所示。

吉他套件：在压缩器阶段可以减少动态范围，产生具有更大影响的"更紧"的声音。在滤波、扭曲和帧建模阶段可以模拟吉他声，用来创造有表现力的艺术表演效果。

用右侧填充左侧：可以复制音频的左声道信息，并且将其放置在右声道中，丢弃原始剪辑的右声道信息。

用左侧填充右侧：可以复制音频的右声道信息，并将其放置在左声道中，丢弃现有的左声道信息。

图7-24

扭曲效果：用于模拟汽车音响的爆裂效果、压抑的麦克风效果或过载放大器效果。

反转：可以反转所有声道的相位。

母带处理：可以优化特定介质（如电台、视频、CD或Web）音频的完整过程。

互换声道：可以切换左右声道信息的位置。

人声增强：可以快速改善旁白录音的质量，通过"男声"和"女声"模式能够自动减少嘶嘶声和破音，以及麦克风触摸噪声，如低频隆隆声。这些模式还使用麦克风建模和压缩来为人声提供特有的电台声音。

### 7.3.8　"立体声声像"效果

"立体声声像"效果只包括立体声扩张器，如图7-25所示。

"立体声声像"效果可以定位并扩展立体声声像，但由于立体声扩展器基于VST，你可以将其与母带处理组或效果组中的其他效果相结合。

图7-25

### 7.3.9　"时间与变调"效果

"时间与变调"效果只包括音高换档器，如图7-26所示。

音高换档器：可以改变音调，它是一个实时效果，可以与母带处理组或效果组中的其他效果相结合。

图7-26

## 7.4　"基本声音"的运用

"基本声音"提供了混合技术和修复选项的一整套工具，用于常见的音频混合任务。在菜单栏中执行"窗口">"基本声音"命令，打开"基本声音"面板，如图7-27所示。

在"基本声音"面板中，Premiere Pro软件将音频分为对话、音乐、SFX或环境。

选择"对话"，在"基本声音"面板的"对话"下包括多个参数组，如图7-28所示。

该面板提供了一些简单的控件，用来统一音量级别、修复声音、提高清晰度，以及添加特殊效果。这些参数将不同音频的常见响度、背景语音、添加压缩和EQ进行统一。

我们可以将调整的参数保存为预设，方便以后重复使用。

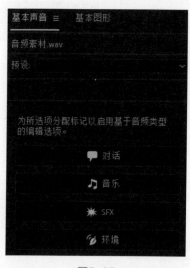

图7-27                    图7-28

## 7.4.1 统一音频中的响度

下面介绍"基本声音"面板中的统一响度功能,在"基本声音"面板中,选择一个音频类型,如"对话"。要在整个音频中统一响度级别,可以展开"响度"并单击"自动匹配"按钮,如图7-29所示。

Premiere Pro软件会将音频自动匹配到响度级别(单位为LUFS),显示在"自动匹配"按钮下方。

## 7.4.2 修复对话音轨

如果视频中包含对话音频数据,可以调整"基本声音"面板的"对话"下的参数,通过减少杂色、降低隆隆声、消除嗡嗡声和齿音等来修复声音。

在"基本声音"面板中选择"对话"作为音频类型,勾选"修复"复选框并展开该部分,如图7-30所示。

图7-29　　　　　　　图7-30

可以勾选不同的复选框，然后使用滑块，在0到10调整以下属性的级别：

减少杂色：降低背景噪音。例如，工作室地板声音、麦克风背景噪声和咔嗒声。

降低隆隆声：降低低于80 Hz的超低频噪音。例如，使用轮盘式电动机或动作摄像机产生的噪音。

消除嗡嗡声：减少或消除嗡嗡声（在50 Hz或60 Hz左右的单频噪音）。例如，由于电缆太靠近音频缆线而产生电子干扰，就会形成这种噪音。

消除齿音：减少刺耳的高频嘶嘶声。例如，在麦克风和歌手的嘴巴之间因气息或空气流动而产生的嘶嘶声，从而在人声录音中形成齿音。

减少混响：减少或消除音频录制中的混响。可以对各种来源的原始录制内容进行处理，让它们发出的声音听起来就像是来自同样的环境。

## 7.4.3　提高对话轨道的清晰度

提高对话轨道的清晰度取决于多种因素，常用方法包括：压缩或扩展录音的动态范围、调整录音的频率响应，以及处理和增强男声和女声。

在"基本声音"面板中选择"对话"音频类型，勾选"透明度"复选框并展开该部分，如图7-31所示。

动态：通过压缩或扩展录音的动态范围，调整录音的影响，可以将级别从自然调整为集中。

EQ：降低或提高录音中的选定频率。可以从 EQ 预设列表中进行选择，这些预设可以用于音频，并且可以使用滑块调整相应的值。

增强语音：选择"男声"或"女声"作为对话的声音，以恰当的频率处理和增强该声音。

图7-31

## 7.4.4 SFX处理音频

Premiere Pro软件可以让你为音频创建"伪声"效果。SFX 可帮助你形成某些音效，比如音乐来自工作室场地、房间环境或具有适当反射和混响的场地中的特定位置。

在菜单栏中执行"窗口">"基本声音"命令，在"基本声音"面板中选择"SFX"音频类型，如图7-32所示。

展开"SFX"，勾选"创意"下的"混响"复选框，如图7-33所示。在"预设"中根据需要选择混响的预设，如图7-34所示。

图7-32

图7-33

图7-34

## 7.4.5 "回避"效果

"回避"效果允许自动计算可降低背景声音音量的关键帧,在"基本声音"面板,将音频标记为特定类型,可以回避被标记为音乐和环境声的音频。

在"基本声音"面板中选择"音乐"音频类型,勾选"回避"旁的复选框以启用自动回避,如图7-35所示。

启用"回避"效果后,Premiere Pro软件将向音频添加放大效果。通过自动回避算法得到的关键帧将被添加到此效果的增益参数中,以便轻松调整或删除该音频,而不影响其他音频。

回避依据:选择要回避的音频类型对应的图标,如对话、音乐、声音效果、环境或未标记的音频。

敏感度:用来调整回避触发的阈值。敏感度值设置得越高或越低,对回避触发的阈值调整得就越少,但重点是要分别保持较低或较响亮的音乐轨道。中间范围的敏感度值对回避触发的阈值调整得较大,如使音乐在语音暂停期间快速进出。

图7-35

闪避量:用来选择将音频的音量降低多少。将其滑块向右调整可以显著地降低音量,向左调整可以调高音量。

淡化:用来控制触发时音量调整的速度。如果将快速音乐与快速语音混合,则进行较快淡化处理较为理想;如果在画外音轨道后面回避背景音乐,则进行较慢淡化处理更合适。

生成关键帧:单击"生成关键帧"按钮,会对已添加到音频的放大效果进行计算并设置关键帧。

## 7.4.6 创建"预设"效果

我们可以创建对项目有益的预设,这些预设可以用于一系列相似的音频资源,以确保一致性并节省时间。下面介绍创建"预设"效果的方法。

要为"对话"创建预设,在"基本声音"面板中单击"预设"下拉菜单,然后创建合适的预设,如图7-36所示。

如果要自定义和创建其他预设，可以先调整好参数，然后单击"预设"下拉菜单旁边的"将设置保存为预设"按钮，如图7-37所示。

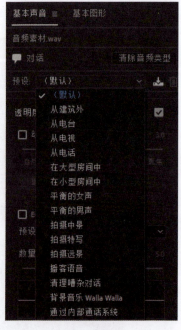

图7-36

图7-37

弹出"保存预设"对话框，单击"确定"按钮，完成预设保存，如图7-38所示。

图7-38

## 7.5 声道转换

在音频处理中，常用的是立体声的音频，下面介绍对立体声和单声道进行转换的方法。

### 7.5.1 将单声道转换为立体声

下面介绍将单声道转换为立体声的方法。

**Step 01**：新建项目文件，导入音频"舞曲"，"舞曲"是一个单声道的音频，双击该音频，在"监视器"面板将其打开，如图7-39所示。

图7-39

Step 02：在"项目"面板中选择"舞曲"，在菜单栏中执行"剪辑">"修改">"音频声道"命令，打开"修改剪辑"窗口，如图7-40所示。

Step 03：在"剪辑声道格式"中选择"立体声"，勾选剪辑"1"中"R"右侧的复选框，如图7-41所示。

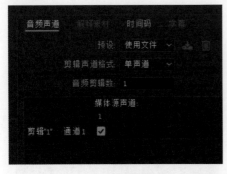

图7-40

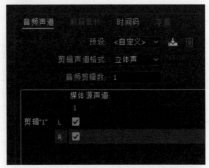

图7-41

Step 04：单击"确定"按钮，此时在"监视器"面板可以看到音频波形的变化。单声道被修改为立体声的双声道，如图7-42所示。

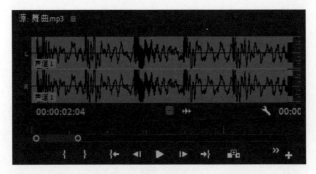

图7-42

## 7.5.2　将立体声转换为单声道

下面介绍将立体声转换为单声道的方法。"鸟"音频是一个立体声音频,可以将其转换为单声道格式。

Step 01:在"项目"面板中导入"鸟"音频,然后在"项目"面板中,双击该音频,在"监视器"面板将其打开,如图7-43所示。

Step 02:在菜单栏中执行"剪辑">"修改">"音频声道"命令,弹出"修改剪辑"窗口,如图7-44所示。

图7-43

Step 03:在"剪辑声道格式"中选择"单声道",在"媒体源声道"中将只有一个左声道(这里也可以将其保留为右声道),如图7-45所示。

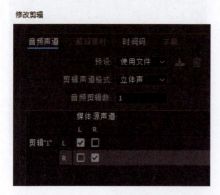

图7-44

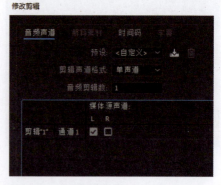

图7-45

Step 04:单击"确定"按钮,在"监视器"面板中看到波形的变换,如图7-46所示。

图7-46

## 7.6 录制声音

Premiere Pro软件自带录制功能，我们可以通过其录制声音。在录制声音之前，首先在计算机上连接麦克风。

Step 01：打开Premiere Pro软件，在菜单栏中执行"编辑">"首选项">"音频硬件"命令，打开"首选项"窗口，在"默认输入"中选择麦克风"线路（2-MS-T600）"。注意，因为麦克风的品牌不同，所以这里的名称会有不同，如图7-47所示。

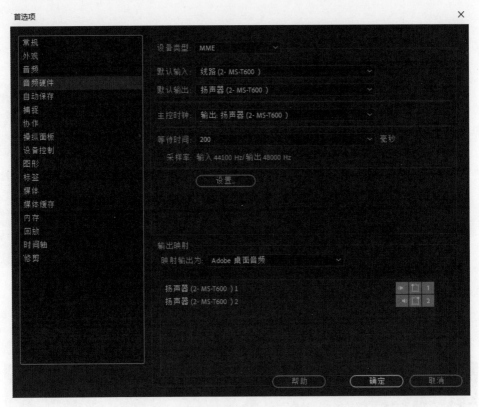

图7-47

Step 02：在"时间轴"面板单击 🎤 "录制画外音"按钮，如图7-48所示。

Step 03：再次单击 🎤 "录制画外音"按钮，即停止录制。在"项目"面板自动添加录制的音频，同时将其拖动到"时间轴"面板，如图7-49所示。

在录制解说视频时，可以在"时间轴"面板放置需要的视频，一边播放视频，一边录制解说。

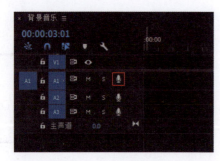
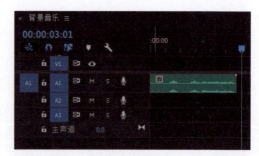

图7-48　　　　　　　　　　　图7-49

## 7.7　声音的变调

在音频中也可以改变声音的速度，同时声音的时间长度与其速度的快慢也是互相影响的，需要对其进行相应处理，以达到变调的效果。

Step 01：打开Premiere Pro软件，新建项目，在"项目"面板导入"声音变调"音频，如图7-50所示。

Step 02：将"声音变调"音频拖动到时间轴上，创建序列，如图7-51所示。

Step 03：从"效果"面板中选择"立体声扩展器"效果，并将其拖动到"声音变调"音频上，为"声音变调"音频添加"立体声扩展器"效果，如图7-52所示。

Step 04：选择"声音变调"音频，在"效果控件"面板展开"立体声扩展器"效果，如图7-53所示。

图7-50

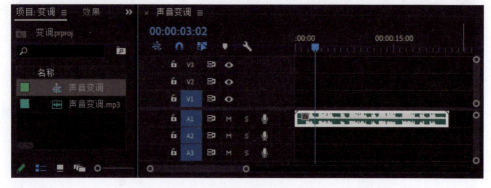

图7-51

# 第7章 音频效果

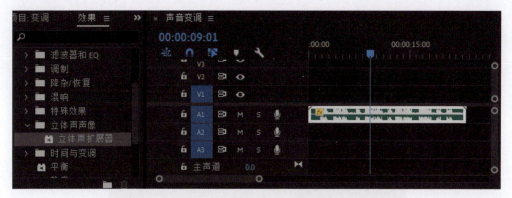

图7-52

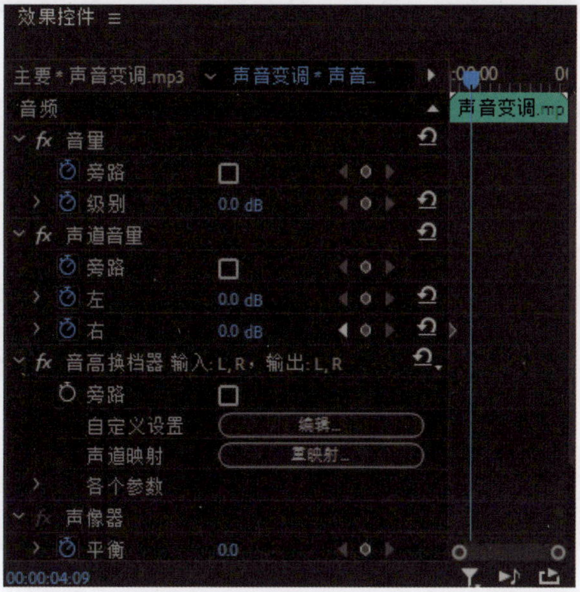

图7-53

Step 05：单击"自定义设置"的"编辑"按钮，弹出"剪辑效果编辑器"窗口，如图7-54所示。

Step 06：在"预设"中选择"愤怒的沙鼠"，将"音分"设为-8，如图7-55所示。

Step 07：按空格键播放声音，可以听到声音变成卡通化的效果。

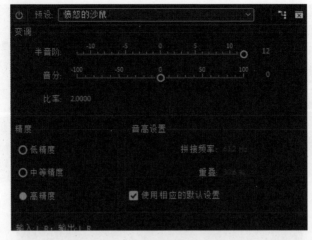

图7-54

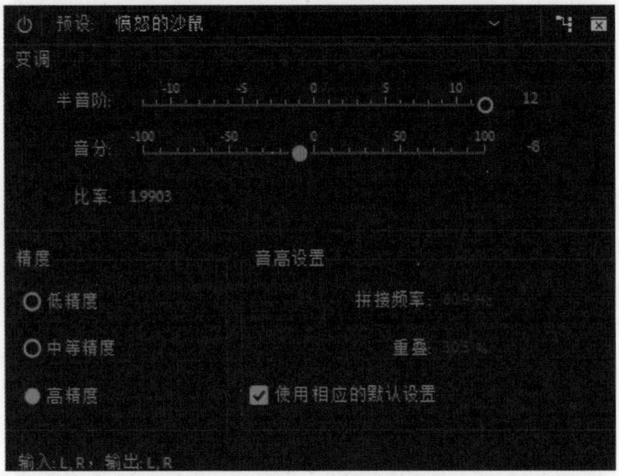

图7-55

## 7.8 音频的变速

音频的速度通常和视频的速度相对应,下面介绍对音频进行变速的方法。

Step 01:打开Premiere Pro软件,新建项目,在"项目"面板中导入"变速"音频,再将其拖动到"时间轴"面板,如图7-56所示。

第7章 音频效果

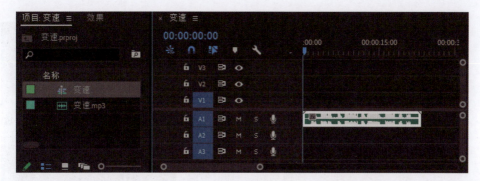

图7-56

Step 02：选择时间轴上的"变速"音频，在菜单栏中执行"剪辑">"速度/持续时间"命令，打开"剪辑速度/持续时间"窗口，如图7-57所示。

Step 03：将"速度"设为80%，单击"确定"按钮，按空格键播放声音，即可将通道声音速度变慢。

Step 04：使用同样的方法，在菜单栏中执行"剪辑">"速度/持续时间"命令，将"速度"设为150%，如图7-58所示。

Step 05：单击"确定"按钮，按空格键播放该音频，可以听到音频的速度变快。

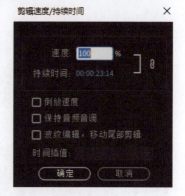

图7-57

Step 06：还可以在改变音频速度的同时保留原有的音调，在"剪辑速度/持续时间"窗口中勾选"保持音频音调"复选框，如图7-59所示。

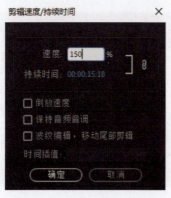

图7-58

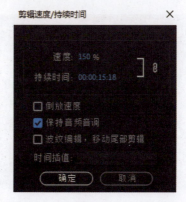

图7-59

Step 07：单击"确定"按钮，按空格键播放音频，可以听到音频速度变快，但是音频的音调不变。

249

## 7.9 音频处理效果

在音频中也可以加入多种处理效果,如回响、延迟、多重延迟、重音等,下面介绍常用的音频处理效果的使用方法。

Step 01:打开Premiere Pro软件,新建项目,在"项目"面板导入"音频处理"文件,如图7-60所示。

Step 02:将"音频处理"文件拖动到"时间轴"面板,如图7-61所示。

图7-60

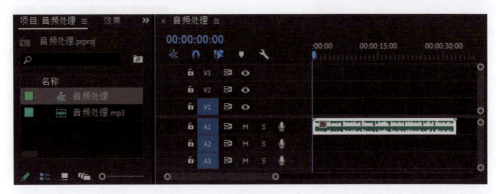

图7-61

Step 03:在"效果"面板选择"室内混响"效果,并将其拖动到时间轴的"音频处理"文件上,如图7-62所示。

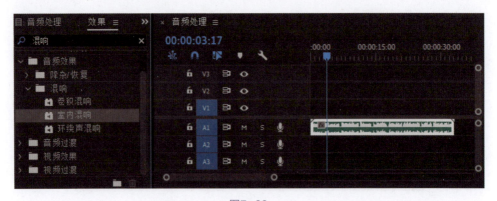

图7-62

Step 04:选择"音频处理"文件,在"效果控件"面板展开"室内混响"效果,如图7-63所示。

第7章　音频效果

Step 05：单击"编辑"按钮，打开"剪辑效果编辑器"窗口，在"预设"中选择"房间临场感1"，如图7-64所示。

图7-63

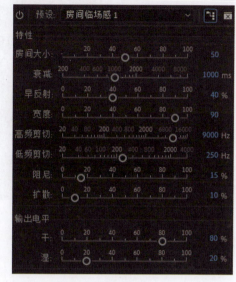

图7-64

Step 06：关闭"剪辑效果编辑器"窗口，在"效果控件"面板选择"低音"效果，并将其拖动到"时间轴"面板，如图7-65所示。

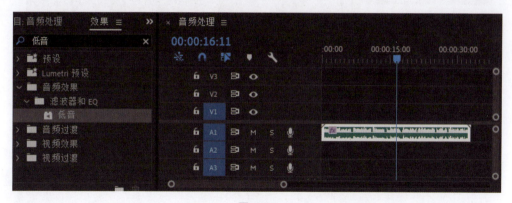

图7-65

Step 07：在"效果控件"面板可以调整"低音"效果的参数，如图7-66所示。

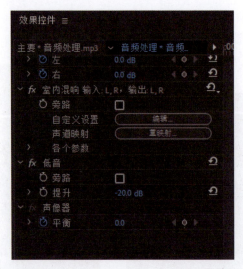

图7-66

> **提示**："低音"效果的参数只有"提升",向左拖动滑块会降低数值,减少重音,向右拖动滑块会增大数值,加大重音。

Step 08:在"效果"面板,将"多频段压缩器"效果拖动到时间轴的"音频处理"文件上,如图7-67所示。

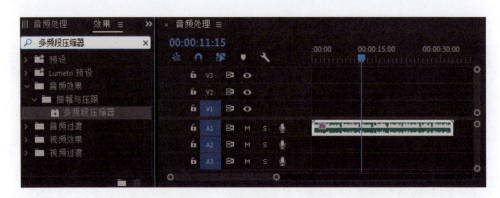

图7-67

Step 09:选择"音频处理"文件,"多频段压缩器"效果会在"效果控件"面板上,如图7-68所示。

Step 10:单击"编辑"按钮,打开"剪辑效果编辑器"窗口,在"预设"中选择"重金属吉他",如图7-69所示。

第7章 音频效果

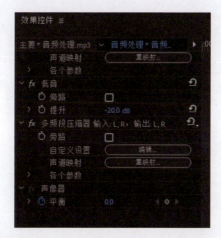

图7-68

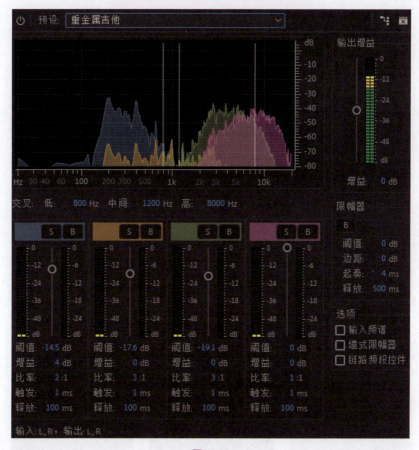

图7-69

Step 11：调整参数，按空格键播放音频，查看调整参数带来的变化。

# 第8章
## 文字字幕

本章主要介绍Premiere Pro软件中的文字工具、旧版标题、开放式字幕和基本图形等功能的用法,以及"分屏"效果的制作方法。

# 第8章 文字字幕

## 8.1 文字工具

下面介绍Premiere Pro软件的文字工具的使用方法。我们可以使用文字工具创建静态文字,并对文字的字体、颜色、字体大小和位置进行调整。

Step 01:打开Premiere Pro软件,在菜单栏中执行"文件">"新建">"项目"命令,新建项目,导入素材文件。

Step 02:在菜单栏中执行"文件">"新建">"序列"命令,新建序列,将素材文件拖动到"时间轴"面板。

Step 03:在"工具箱"面板中选择"文字工具",在"节目"面板中单击,输入文本"阳春三月",如图8-1所示。

Step 04:在时间轴上将会出现一个"阳春三月"图层,如图8-2所示。

图8-1

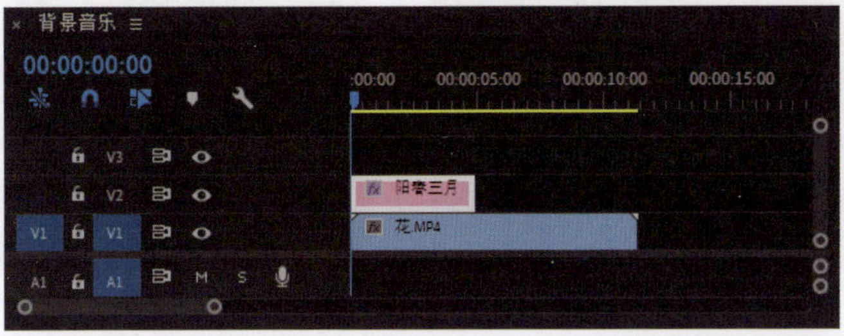

图8-2

Step 05:在"节目"面板选择文本"阳春三月",在"效果控件"面板下展开该文本,其属性包括字体、字体大小、对齐、外观填充、描边和变换位置等,将字体设为"Alibaba PuHuiTi",字体大小设为265,如图8-3所示。

Step 06:将"填充"颜色设为"白色","描边"颜色设为"橙色","描边大小"设为24,如图8-4所示。

Step 07:"变换"参数主要用于调整文本的位置、缩放和旋转等属性,将"位置"设为(503.1,521.5),如图8-5所示。

Step 08:设置完成后,可以在时间轴上移动文本的位置,"节目"面板效果如图8-6所示。

图8-3

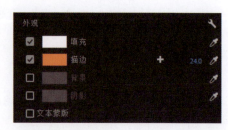

图8-4

图8-5

图8-6

## 8.2 旧版标题

下面介绍旧版标题的使用方法，其功能非常全面，可以对文字、路径、区域文字，以及文字的样式进行调整。

### 8.2.1 创建字幕

下面介绍在旧版标题中创建字幕的方法，以及在属性栏调整文字属性。

Step 01：在菜单栏中执行"文件">"新建">"旧版标题"命令，弹出"新建字幕"窗口，在这里可以修改字幕的名称，如图8-7所示。

Step 02：单击"确定"按钮，打开"旧版标题"窗口，使用"文字工具"在中央面板中输入"春意盎然"。

Step 03:"旧版标题"窗口的右侧为"旧版标题属性"面板,可以对其参数进行设置,包括变换、属性、填充、描边等。

"变换"主要包括不透明度、X位置、Y位置、宽度和高度。这里的宽度和高度用于调整文字的水平缩放和垂直缩放。在"属性"的"字体系列"中选择"阿里巴巴普惠体",如图8-8所示。

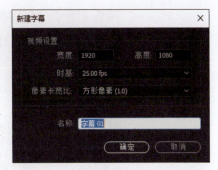

图8-7

图8-8

Step 04:在输入文字时还可以让文字沿着路径进行排列,单击 "路径文字工具"按钮,在中央面板中绘制一个路径,绘制完成之后,再次单击 "路径文字工具"按钮,沿着路径输入文字,如图8-9所示。

Step 05:"形状工具"包括自定义形状的钢笔工具和标准的矩形工具、椭圆形工具等,下面使用"矩形工具"在中央面板中绘制一个矩形,如图8-10所示。

图8-9

图8-10

Step 06："属性"主要包括字体系列、字体大小、字符间距等。在"填充"下可以改变文字的颜色，一般首先选中要调整的文字，然后选择颜色即可。

Step 07：在"填充类型"下可以选择实底、线性渐变、径向渐变、四色渐变、斜面、消除和重影等类型，如图8-11所示。

Step 08：选择"线性渐变"类型，可以调整渐变颜

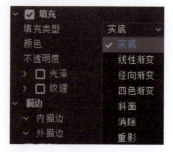

图8-11

色，如图8-12所示。

Step 09：关闭"旧版标题"窗口，可以在素材文件夹中找到字幕素材文件，然后将其拖动到"时间轴"面板，调整字幕到视频的合适位置。

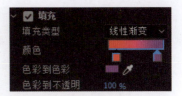

图8-12

## 8.2.2 滚动字幕

下面介绍如何使用旧版标题制作字幕，给字幕创建样式，并将其制作成滚动字幕。

Step 01：打开Premiere Pro软件，新建项目，将其命名为"字幕动画"，然后新建序列。

Step 02：在菜单栏中执行"文件">"新建">"旧版标题"命令，打开"新建字幕"窗口，设置完参数后，单击"确定"按钮，打开"旧版标题"窗口，如图8-13所示。

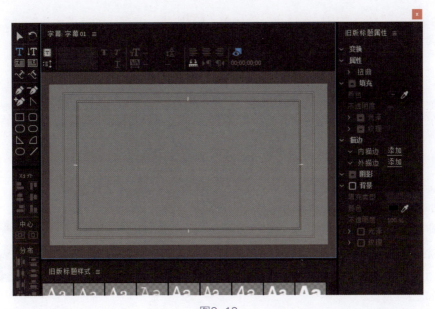

图8-13

Step 03：使用"文字工具"输入"导演"，在"旧版标题属性"面板的"属性"下将"字体系列"设为"黑体"，字体大小设为100，在工具栏中单击 ⬚ "中心对齐"按钮，如图8-14所示。

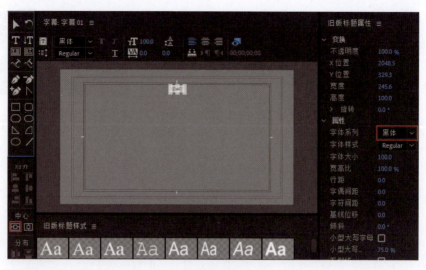

图8-14

Step 04：在"旧版标题样式"右侧单击 ≡ 按钮，在弹出的菜单中执行"新建样式"命令，如图8-15所示。

图8-15

Step 05：弹出"新建样式"对话框，将"名称"命名为"影片结尾标题"，如图8-16所示。

Step 06：在"旧版标题样式"中新建一个样式，新建的样式为"旧版标题样式"中的最后一个，如图8-17所示。

图8-16

图8-17

Step 07：使用"文字工具"输入"RICKMAN"，将字体设为"Arial"，"字体大小"设为100,如图8-18所示。

Step 08:在"旧版标题样式"中再创建一个新样式,将其命名为"人员名称字幕",如图8-19所示。

图8-18

图8-19

Step 09:单击"确定"按钮,创建样式,如图8-20所示。

图8-20

Step 10:下面在创建文字时就可以直接调用这两种样式。使用"文字工具"输入"制片人",在"旧版标题样式"中单击之前创建的样式,就可以将其应用到文字上,如图8-21所示。

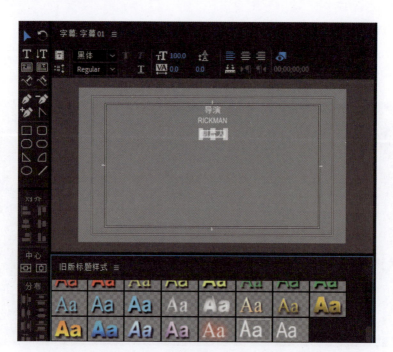

图8-21

Step 11：使用同样的方法，输入其他文字，并应用之前创建的样式，如图8-22所示。

图8-22

Step 12：单击"旧版标题"窗口左上角的 按钮，打开"滚动/游动选项"窗口，如图8-23所示。

Step 13：将"字幕类型"设为"滚动"，勾选"开始于屏幕外"和"结束于屏幕外"复选框,如图8-24所示。

图8-23

图8-24

Step 14:单击"确定"按钮,关闭"旧版标题"窗口,在"项目"面板将"字幕01"拖动到"时间轴"面板,如图8-25所示。

图8-25

Step 15:按下空格键播放视频,即可看到字幕向上滚动的效果,如图8-26所示。

图8-26

## 8.2.3 游动字幕

下面介绍游动字幕的制作方法。

Step 01：打开Premiere Pro软件，在菜单栏中执行"文件">"新建">"旧版标题"命令，新建旧版标题样式，输入文本，调整文本位置，如图8-27所示。

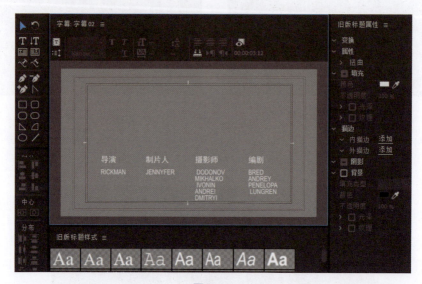

图8-27

Step 02：打开"滚动/游动选项"窗口，将"字幕类型"设为"向左游动"，勾选"开始于屏幕外"和"结束于屏幕外"复选框，如图8-28所示。

Step 03：单击"确定"按钮，关闭"旧版标题"窗口，将该字幕拖动到"时间轴"面板，按空格键播放视频，即可看到字幕从右到左的动画效果，如图8-29所示。

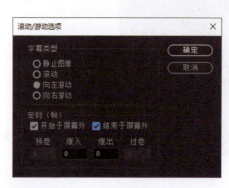

图8-28

图8-29

# 第8章 文字字幕

如果将"字幕类型"设为"向右游动",则最终看到的是字幕从左到右的动画效果。

## 8.3 开放式字幕

开放式字幕常用于短视频、电视剧、电影和Vlog视频。下面介绍开放式字幕的制作方法。

Step 01:打开Premiere Pro软件,新建项目,导入素材文件,新建序列,将素材文件拖动到"时间轴"面板。

Step 02:在菜单栏中执行"新建">"新建">"字幕"命令,弹出"新建字幕"窗口,将"标准"选择"开放式字幕",如图8-30所示。

Step 03:单击"确定"按钮,在"项目"面板将"开放式字幕"拖动到时间轴的轨道V2上,如图8-31所示。

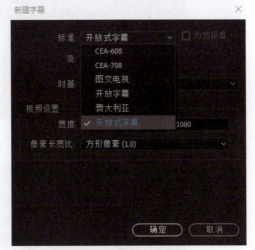

图8-30

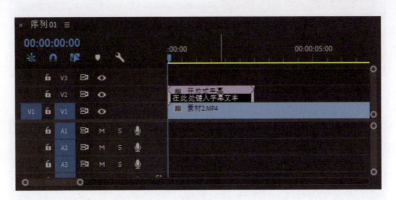

图8-31

Step 04:在时间轴上双击"开放式字幕",打开"字幕"面板,如图8-32所示。

Step 05:在"字幕"面板中,在"此处键入字幕文本"的位置输入文本"春天,我们闻到了花香",如图8-33所示。

¨Step 06:在"字幕"面板可以调整字幕的属性,将字体设为"新宋体",字体大小设为60,对齐方式设为"居中对齐",将 ▪ "字体背景"按钮的"不透明度"设为0,如图8-34所示。

265

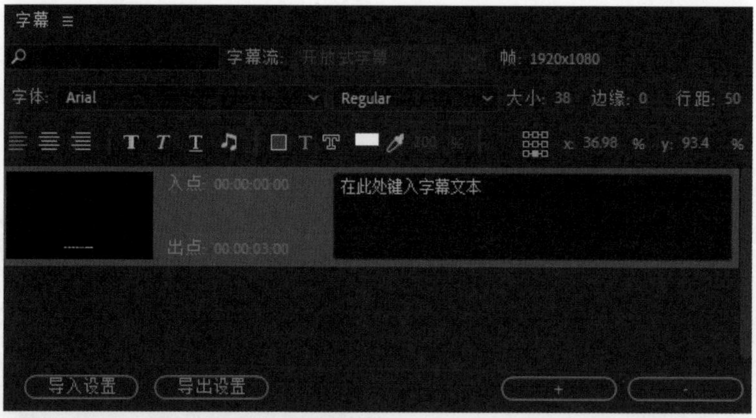


图8–32

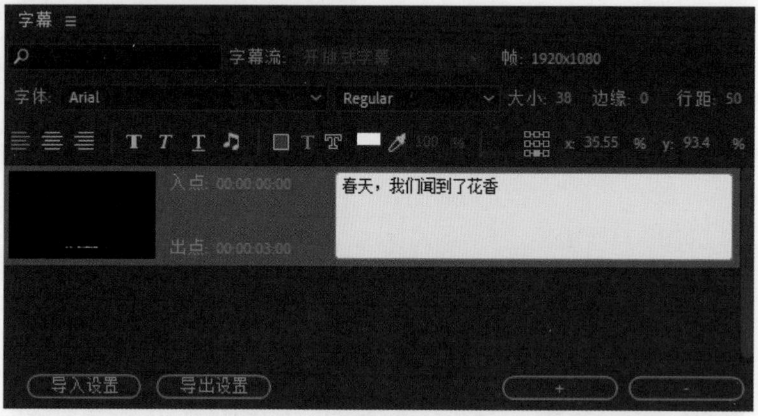


图8–33

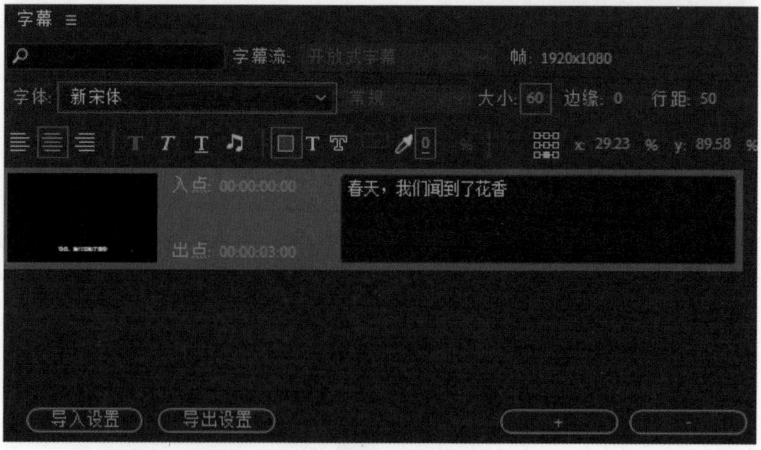


图8–34

第8章　文字字幕

Step 07：设置完成后的效果如图8-35所示。

图8-35

Step 08：下面输入第2条字幕，这条字幕和上条字幕的属性相同，单击"字幕"面板的 ![添加字幕] "添加字幕"按钮后会自动添加一条字幕，输入文本"就好像春天的使者把花儿洒上香水"，将字幕的"出点"调整到00:00:09:00，如图8-36所示。

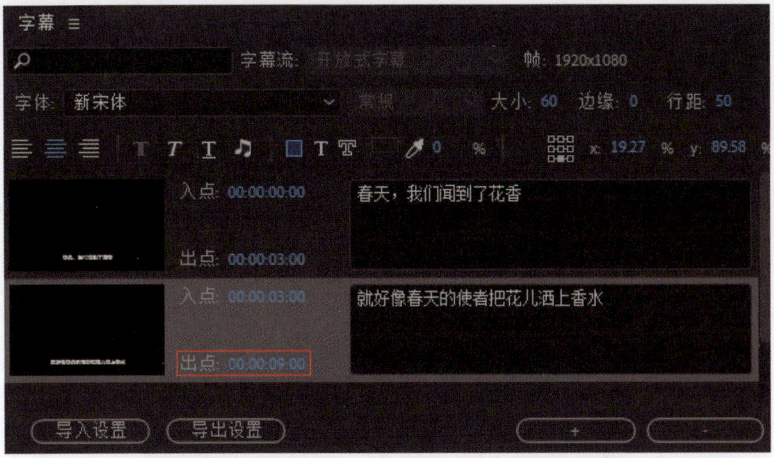

图8-36

Step 09：此时发现输入的字幕没有在画面中显示，在时间轴上将字幕延长，使用"移动工具"在字幕的末端进行拖动即可，如图8-37所示。

Step 10：通过"时间轴"面板可以看到新建的字幕显示在视频轨道上，如果需要调整字幕出现的时间，使用鼠标拖动文本两端的滑块即可，如图8-38所示。

267

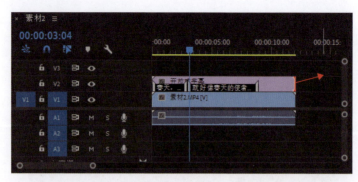

图8-37

图8-38

Step 11：通过这样的方法可以给视频添加更多的字幕，在"字幕"面板单击"导出设置"按钮，弹出"字幕导出设置"窗口，如图8-39所示，在这里可以对元数据进行设置。

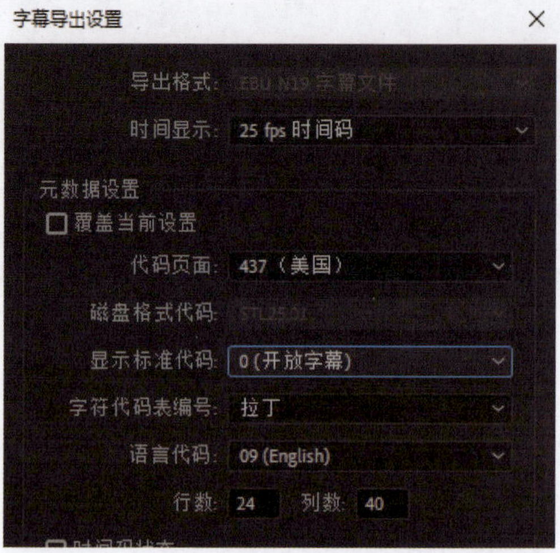

图8-39

Step 12:在这里可以对元数据进行设置,在"项目"面板,选择字幕,在菜单栏中执行"文件">"导出">"字幕"命令,可以导出字幕。

## 8.4 基本图形

"基本图形"的功能非常强大,适合将图形和文本相结合,下面介绍"基本图形"的使用方法。

Step 01:在"工作区"面板单击"图形"选项卡,然后单击"编辑"按钮,如图8-40所示。

图8-40

Step 02:单击 ■ "新建图层"按钮,弹出快捷菜单,如图8-41所示。

Step 03:选择"文本"选项,打开"文本设置"面板,如图8-42所示。

Step 04:单击"文字工具"按钮,选中文本"新建文本图层",

图8-41

删除该文本并输入"江南忆",在"文本"下设置字体和字体大小,如图8-43所示。

图8-42

图8-43

Step 05：在"变换"下将文字的"位置"设为（1599,909），如图8-44所示。

Step 06：设置完文字属性后，下面制作背景图层，单击"新建图层"按钮，然后使用"矩形工具"绘制矩形，在"外观"下将"填充"设为蓝色，然后将"形状01"图层拖动到文本图层下方，如图8-45所示。

Step 07：使用"选择工具"调整"形状01"图层的位置和大小，"节目"面板效果如图8-46所示。

图8-44

图8-45

图8-46

Step 08：在"基本图形"面板中选择"形状01"图层，单击鼠标右键，在弹出的快捷菜单中执行"复制"命令，然后在空白位置单击鼠标右键，在弹出的快捷菜单中执行"粘贴"命令，如图8-47所示。

Step 09：将复制后的"形状01"图层移动到最下面，并将其"填充"设为"白色"，如图8-48所示。

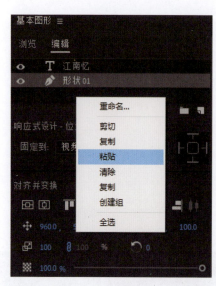

图8-47　　　　　　　　　图8-48

Step 10：调整白色"形状01"图层的"位置"，"节目"面板效果如图8-49所示。

图8-49

## 8.5 "基本图形"模板

"基本图形"模板是Premiere Pro软件中自带的文字模板,只需要修改其位置即可使用,也可以安装一些基本的模板预设,即可直接调用这些模板的效果。

### 8.5.1 图形模板

下面介绍Premiere Pro软件中自带的图形模板,通过修改模板中的文字,即可使用模板的效果。

Step 01:打开Premiere Pro软件,新建项目,将素材文件拖动到"时间轴"面板,如图8-50所示。

图8-50

Step 02:在"基本图形"面板的"浏览"下,可以选择一个模板并按住鼠标左键,直接将其拖动到"时间轴"面板,如图8-51所示。

Step 03:在时间轴上选择字幕模板,在"基本图形"面板中对字幕进行编辑,可以输入文本"运动代表团队",如图8-52所示。

Step 04:根据需求进行调整,调整后的"节目"面板效果如图8-53所示。

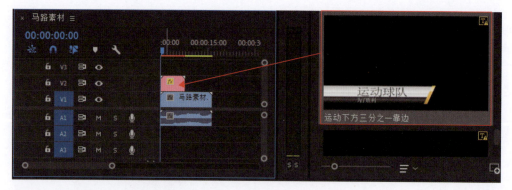

图8-51

图8-52

图8-53

## 8.5.2　文字图形模板

下面介绍文字图形模板的使用方法。

Step 01：首先安装"文字图形"预设，打开配套素材文件中的预设安装包"Essential Panel Files"，复制该安装包并将其粘贴到C盘，如图8-54所示。

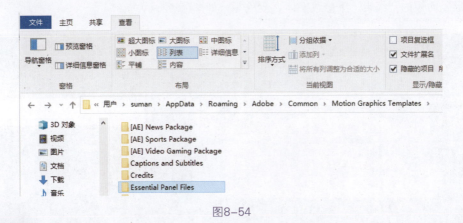

图8-54

> 提示：文件粘贴路径为C:\用户\<用户名>\AppData\Roaming\Adobe\Common\Motion Graphics Templates。

Step 02：打开Premiere Pro软件，在"基本图形"面板中通过搜索名称查找安装的文字图形模板，如图8-55所示。

图8-55

Step 03：选择一个合适的模板，然后将其拖动到"时间轴"面板，可以在"基本图形"面板的"编辑"下修改字体、颜色等，如图8-56所示。

图8-56

## 8.5.3 动态图形模板

下面介绍动态图形模板的使用方法，通过Premiere Pro软件可以直接安装动态图形模板。

Step 01：打开Premiere Pro软件，新建项目，在菜单栏中执行"图形">"安装动态图形模板"命令，弹出"打开"窗口，如图8-57所示。

Step 02：选择动态图形模板，单击"打开"按钮，将该模板导入"基本图形"面板中，如图8-58所示。

Step 03：在"基本图形"面板中将该模板拖动到"时间轴"面板，弹出"剪辑不匹配警告"对话框，如图8-59所示。

Step 04：单击"保持现有设置"按钮，弹出"正在加载动态图形模板"对话框，如图8-60所示。

第8章 文字字幕

Step 05：加载之后的软件界面如图8-61所示。

Step 06：在"基本图形"面板中调整文字，如图8-62所示。

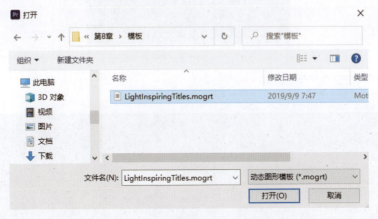

图8-57

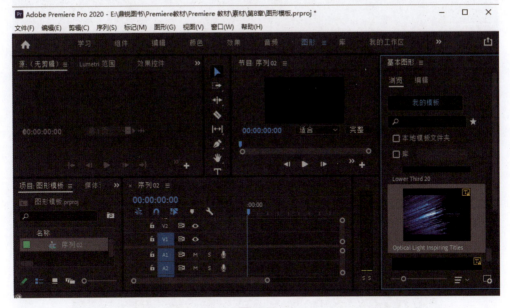

图8-58

图8-59

277

图8-60

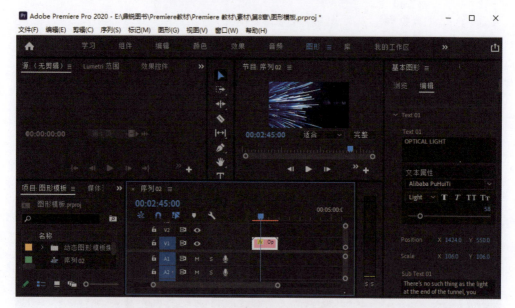

图8-61

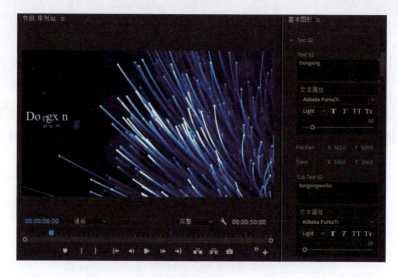

图8-62

Step 07：调整完成后可以保存项目文件，也可以将动态图形模板和其他视频进行结合。

Step 08：使用同样的方法，再次安装动态图形模板，在菜单栏中执行"图形">"安装动态图形模板"命令，弹出"打开"窗口，如图8-63所示。

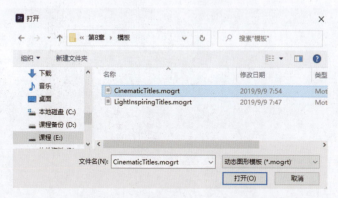

图8-63

Step 09：选择"CineaticTitles.mogrt"文件，"基本图形"面板效果如图8-64所示。

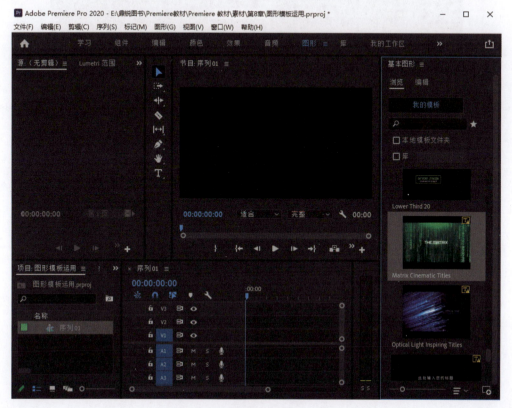

图8-64

Step 10：将该文件拖动到"时间轴"面板，弹出"剪辑不匹配警告"对话框，单击"保持现有设置"按钮，加载动态图形模板，软件界面如图8-65所示。

图8-65

Step 11：在"基本图形"面板可以调整文字及其属性，如图8-66所示。

图8-66

Step 12：调整后可以保存项目，然后渲染和导出视频。

有一些动态图形模板是视频片头效果，我们可以通过动态图形模板制作视频的片头。

## 8.6 "分屏"效果制作

下面介绍使用旧版标题来制作"分屏"效果。

Step 01：打开Premiere Pro软件，新建项目，新建序列，将"选择"预设设为"HDV720p25"。

Step 02：在菜单栏中执行"文件">"新建">"旧版标题"命令，打开"新建字幕"窗口，如图8-67所示。

Step 03：单击"确定"按钮，打开"旧版标题"窗口，使用"矩形工具"绘制一个矩形，如图8-68所示。

Step 04：使用"矩形工具"再绘制两个矩形，如图8-69所示。

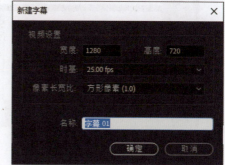

图8-67

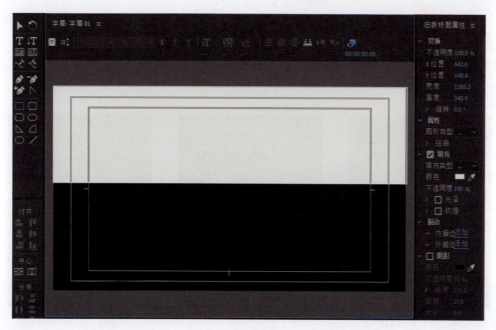

图8-68

图8-69

Step 05：关闭"旧版标题"窗口，在"项目"面板可以看到"字幕01"，如图8-70所示。

Step 06：在"项目"面板选择"字幕 01"，单击鼠标右键，在弹出的快捷菜单中执行"复制"命令，然后选择复制的字幕，单击鼠标右键，在弹出的快捷菜单中执行"重命名"命令，将字幕名称命名为"字幕 02"，如图8-71所示。

Step 07：再次复制"字幕 01"，将复制的字幕命名为"字幕 03"，如图8-72所示。

图8-70

图8-71

图8-72

Step 08：在"项目"面板双击"字幕 01"，选择中央面板下方左侧和右侧的两个矩形，按"Delete"键删除，效果如图8-73所示。

第8章 文字字幕

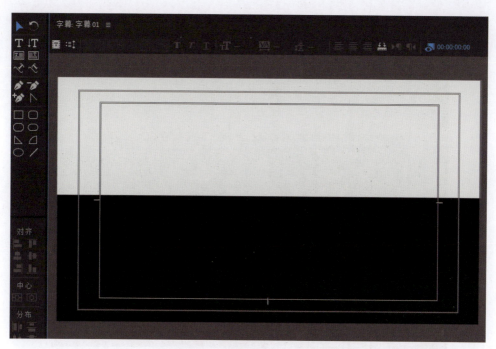

图8-73

Step 09：在"项目"面板双击"字幕02"，选择中央面板上方和右侧的两个矩形，按"Delete"键删除，效果如图8-74所示。

图8-74

Step 10：在"项目"面板双击"字幕 03"，选择中央面板上方和左侧的两个矩形，按"Delete"键删除，效果如图8-75所示。

图8-75

Step 11：在"项目"面板导入素材文件，如图8-76所示。

Step 12：将"素材1"拖动到时间轴的轨道V1上，将"字幕01"拖动到时间轴的轨道V2上，如图8-77所示。

图8-76

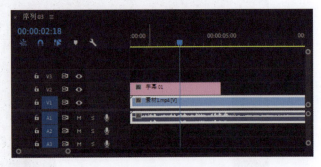

图8-77

Step 13：在时间轴上选择"素材1"，单击鼠标右键，在弹出的快捷菜单中执行"嵌套"命令，创建"嵌套序列01"。

Step 14：在时间轴上双击"嵌套序列 01"，在"效果"面板将"位置"设为（635,298），"缩放"设为69，如图8-78所示。

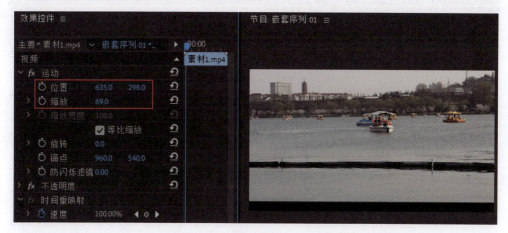

图8-78

Step 15：在时间轴上选择"嵌套序列 01"，在"效果"面板选择"轨道遮罩键"效果，并将其拖动到"嵌套序列 01"上，如图8-79所示。

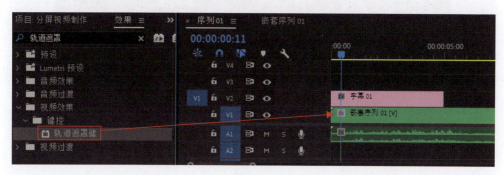

图8-79

Step 16：在"效果控件"面板调整参数，将"遮罩"设为"视频2"，"合成方式"设为"Alpha 遮罩"，如图8-80所示。

Step 17：将"素材2"拖动到时间轴的轨道V3上，将"字幕 02"拖动到时间轴的轨道V4上，选择"素材2"，单击鼠标右键，在弹出的快捷菜单中执行"嵌套"命令，创建"嵌套序列 02"，如图8-81所示。

Step 18：在"效果"面板选择"轨道遮罩键"效果，将其拖动到"嵌套序列 02"上，如图8-82所示。

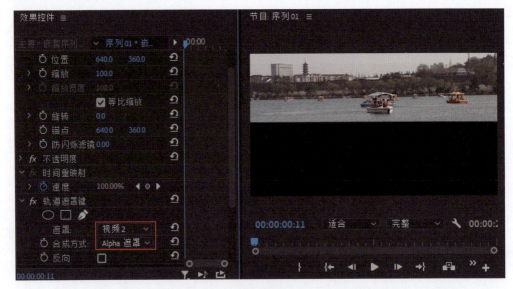

图8-80

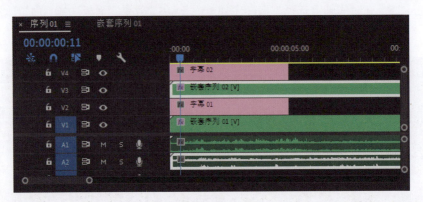

图8-81

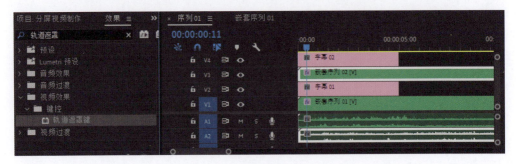

图8-82

Step 19：在时间轴上双击"嵌套序列 02"，在"效果控件"面板调整参数，将

第8章 文字字幕

"位置"设为(370,500),"缩放"设为38,如图8-83所示。

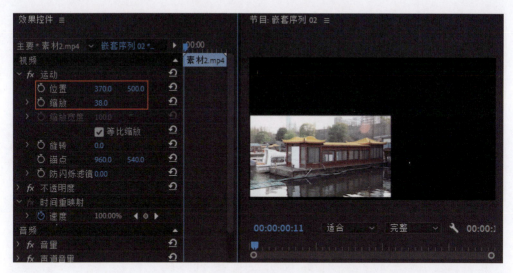

图8-83

Step 20:在"效果控件"面板调整参数,将"遮罩"设为"视频4",将"合成方式"设为"Alpha 遮罩",如图8-84所示。

图8-84

Step 21:将"素材3"拖动到时间轴的轨道V5上,将"字幕03"拖动到时间轴的轨道V6上。选择"素材3",单击鼠标右键,在弹出的快捷菜单中执行"嵌套"命令,创建"嵌套序列03",在"效果"面板选择"轨道遮罩键"效果,将其拖动到"嵌套序列 03"上，如图8-85所示。

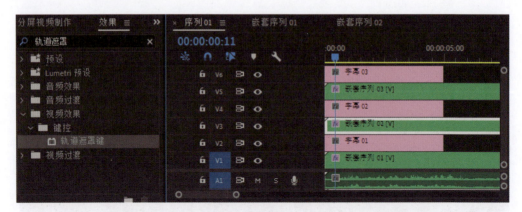

图8-85

Step 22：在时间轴上双击"嵌套序列 03"，在"效果控件"面板调整参数，将"位置"设为（912,530），"缩放"设为37，如图8-86所示。

图8-86

Step 23：在"效果控件"面板调整参数，将"遮罩"设为"视频6"，"合成方式"设为"Alpha 遮罩"，如图8-87所示。

Step 24：在时间轴上可以对素材文件进行剪辑，调整视频的时间，如图8-88所示。

Step 25：在音频轨道的音频上单击鼠标右键，在弹出的快捷菜单中执行"取消链接"命令，将音频和视频分开，选择音频，按"Delete"键删除，如图8-89所示。

第8章 文字字幕

图8-87

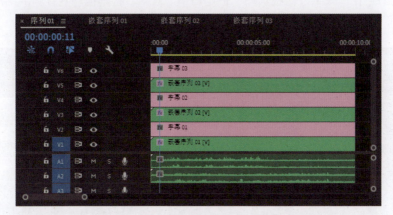

图8-88

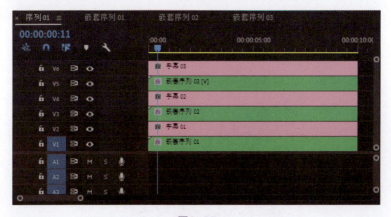

图8-89

289

Step 26：对原有的声音进行删除后，再将"项目"面板中的"背景音乐"拖动到"时间轴"面板，使用"剃刀工具"剪辑音频，将视频和音频的时间统一，如图8-90所示。

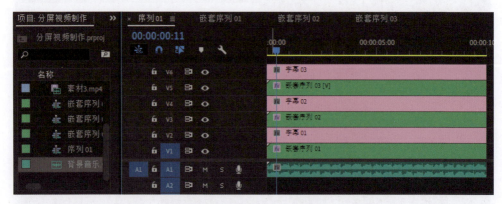

图8-90

Step 27：在"效果"面板选择"恒定功率"效果，将其拖动到音频的结尾，如图8-91所示。

图8-91

至此，我们就完成了"分屏"效果的制作。

# 第9章
## 插件

  本章介绍Premiere Pro软件的常用插件。比如，Shine插件和Starglow插件，可以创建火、水、烟、雪等粒子效果；Mojo插件可以在几秒钟内将视频调整到影片级的效果；Looks插件为初学者提供了很多预设效果，该插件可以用来模拟电影胶片的色调；Beauty Box插件是一款优秀的降噪、磨皮、美白插件，可以快速修饰皮肤问题，让人物变得更加美丽。Beat Edit插件是一款音乐鼓点节拍自动剪辑扩展插件，可以让剪辑音乐变得简单。

## 9.1 Shine插件

Shine插件是使用频率比较高的插件，其操作简单，效果明显，下面介绍使用Shine插件制作光芒的放射效果和扫动效果。

Step 01：打开Premiere Pro软件，新建项目，新建序列，序列的"预设"选择"HDV 720p"。

Step 02：使用"文字工具"在"节目"面板输入文本"shine"，在"基本图形"面板单击"垂直居中对齐"和"水平居中对齐"按钮，如图9-1所示。

Step 03：在"文本"属性中将字体大小设为"200"，如图9-2所示。

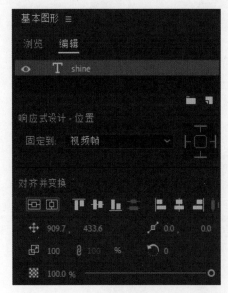

图9-1

图9-2

"节目"面板效果如图9-3所示。

Step 04：在"效果"面板中选择"Shine"效果，并将其拖动到时间轴的"Shine"上，如图9-4所示。

"节目"面板效果如图9-5所示。

第9章 插件

图9-3

图9-4

图9-5

Step 05：在"效果控件"面板调整"Shine"的参数，将"Boost Light"（光强度）设为5，如图9-6所示。

Step 06：展开Colorize（颜色），选择"Blacklight"（背光）效果，如图9-7所示。

图9-6

图9-7

"节目"面板效果如图9-8所示。

图9-8

Step 07：在"效果控件"面板，将"Source Point"设为（345,374），单击 "切换动画"按钮，添加关键帧，如图9-9所示。

"节目"面板效果如图9-10所示。

Step 08：将时间线移动到00:00:05:00，将"Source Point"设为（945,374），如图9-11所示。

"节目"面板效果如图9-12所示。

第9章　插件

图9-9　　　　　　　　　　　　　　图9-10

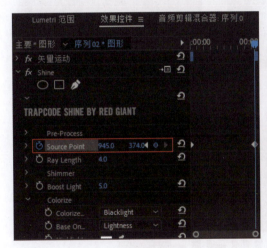 

图9-11　　　　　　　　　　　　　　图9-12

Step 09：按空格键播放动画。至此，就完成了光芒的放射效果和扫动效果。

## 9.2　Starglow插件

Starglow插件能够在视频的高亮部分添加星形的闪耀效果，而且可以指定星形八个方向光芒的颜色和长度。

Step 01：打开Premiere Pro软件，新建项目，新建序列，使用"文字工具"在"节目"面板输入文本"Premiere"，如图9-13所示。

Step 02：在"基本图形"面板调整文本的对齐方式，设置字体并将字体大小设为200，如图9-14所示。

图9-13                     图9-14

"节目"面板效果如图9-15所示。

图9-15

Step 03：在"效果"面板选择"Starglow"效果，并将其拖动到时间轴的"Premiere"文本层上，如图9-16所示。

图9-16

"节目"面板效果如图9-17所示。

图9-17

Step 04：在"效果控件"面板调整参数，将"Streak Length"设为60，"Boost Light"设为3，如图9-18所示。

Step 05：将时间线移动到开始位置，在"Starglow Opacity"前单击 "切换动画"按钮，添加关键帧，如图9-19所示。

Step 06：将时间线移动到00:00:05:00，将"Starglow Opacity"设为0，如图9-20所示。

图9-18

图9-19

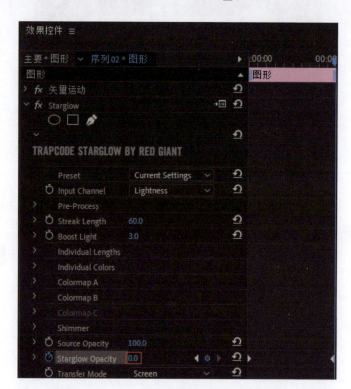
图9-20

Step 07：按空格键播放动画，即可看到星形的闪耀效果。

第9章 插件

## 9.3 Mojo插件

Mojo插件可以在几秒钟内将视频调整为影片级的效果,其特点是界面简单、参数少、容易控制,可以单独处理皮肤。

Step 01:打开Premiere Pro软件,新建项目,在"项目"面板导入"风景素材",新建序列,将"风景素材"拖动到时间轴的轨道V1上,"节目"面板效果如图9-21所示。

图9-21

Step 02:在"效果"面板中将"Mojo Ⅱ"效果拖动到时间轴的"风景素材"上,如图9-22所示。

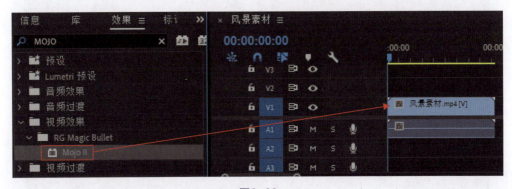

图9-22

Step 03:在"效果控件"面板设置参数,如图9-23所示。

299

图9-23

Step 04：将"Mojo"设为148%，将"Mojo Tint"设为11%，将"Punch It"设为79%，如图9-24所示。

图9-24

至此，就完成了使用Mojo插件将视频调整为影片级的效果。

## 9.4 Looks插件

Looks插件为初学者提供了很多预设效果,该插件可以用来模拟电影胶片的色调。

Step 01:打开Premiere Pro软件,新建项目,导入"调色素材",新建序列,将"调色素材"拖动到"时间轴"面板,如图9-25所示。

Step 02:在"效果"面板中将"Looks"效果拖动到时间轴的"调色素材"上,如图9-26所示。

图9-25

图9-26

其"效果控件"面板如图9-27所示。

图9-27

Step 03：单击"Edit Look"按钮，打开"Magic Bullet Looks"窗口，如图9-28所示。

图9-28

Step 04：在"LOOKS"栏下有很多预设效果，单击某个预设效果即可将其应用到素材文件上，如图9-29所示。

图9-29

Step 05：在"Magic Bullet Looks"窗口底部显示了"Looks"效果的工具，包括Subject、Matte、Lens、Camera和Post。比如单击Subject工具，会打开很多效果，需要

第9章 插件

应用哪个效果，就将其直接拖动到该工具上即可，如图9-30所示。

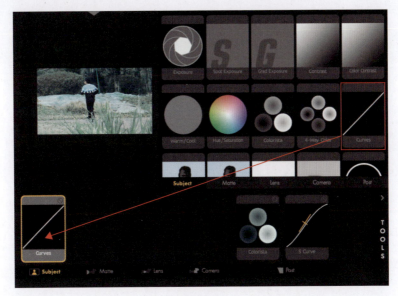

图9-30

Step 06：还可以通过单击效果图标右上角的开关来切换或者关闭效果，如图9-31所示。

Step 07：当设置好效果后，单击"确定"按钮，退出"Magic Bullet Looks"窗口，在"效果控件"面板会显示使用的效果，如图9-32所示。

图9-31

图9-32

"节目"面板效果如图9-33所示。

图9-33

## 9.5　Beauty Box插件

Beauty Box插件是一款优秀的降噪、磨皮、美白插件,该插件操作简单,可以帮助用户自动识别人物的皮肤并创建一个遮罩,将平滑效果限制在皮肤区域,快速修饰皮肤问题,让人物变得更加美丽。

Step 01:打开Premiere Pro软件,新建项目,将其命名为"磨皮",导入"人像磨皮素材",新建序列,将该素材文件拖动到"时间轴"面板,如图9-34所示。

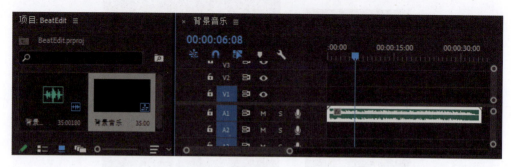

图9-34

Step 02:在"效果"面板选择"Beauty Box"效果,并将其拖动到时间轴的"人像磨皮素材"上,如图9-35所示。

Step 03：选择时间轴上的"人像磨皮素材"，打开"效果控件"面板，如图9-36所示。

图9-35

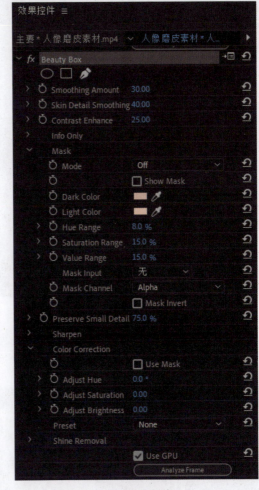

图9-36

Step 04：调整磨皮参数，将"Smoothing Amount"设为40，"Hue Range"设为25%，"Saturation Range"设为10%，"Vulue Range"设为10%，如图9-37所示。

图9-37

Step 05：调整颜色，将"Adujust Hue"设为7°，"Adjust Saturation"设为15，"Adjust Brightness"设为13，如图9-38所示。

图9-38

还可以通过Mojo插件为"人像磨皮素材"调色。

Step 01：在"效果"控件面板选择"Mojo II"效果，并将其拖动到时间轴的"人像磨皮素材"上，如图9-39所示。

第9章 插件

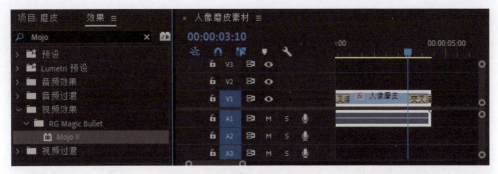

图9-39

Step 02：在时间轴上选择"人像磨皮素材"，在"效果控件"面板展开"Mojo II"效果，如图9-40所示。

图9-40

Step 03：将"Mojo"设为50%，"MojoTint"设为14%，"Punch It"设为25%，"Bleach It"设为-14%，"Blue Squeeze"设为10%，"Skin Squeeze"设为88%，"Vigntte It"设为43%，如图9-41所示。

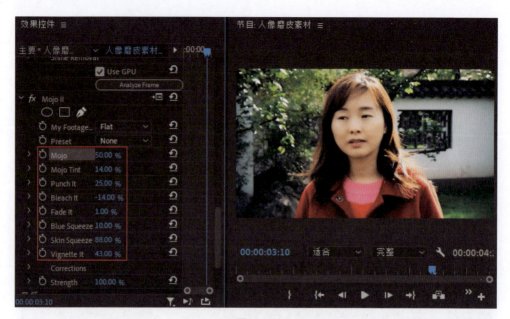

图9-41

Step 04：展开"Corrections"，校正颜色，将"Exposure"设为0.6，"Cool/Warm"设为-14，"Skin Yellow/Pink"设为32，如图9-42所示。

图9-42

## 9.6 Beat Edit插件

Beat Edit插件是一款音乐鼓点节拍自动剪辑扩展插件，可以自动检测音乐，并根据音乐的鼓点节拍生成时间线，然后选择需要剪辑的音乐部分，自动完成剪辑工作，还可自动/手动选择鼓点节拍位置，编辑开始位置，让剪辑音乐变得简单。

Step 01：打开Premiere Pro软件，导入"背景音乐"，新建序列，将该素材文件拖动到时间轴上，如图9-43所示。

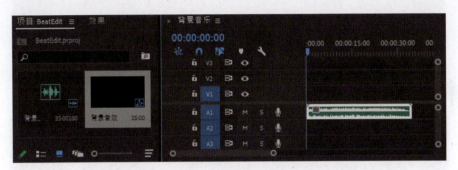

图9-43

Step 02：在菜单栏中执行"窗口" > "扩展" > "Beat Edit"命令，打开"Beat Edit"窗口，如图9-44所示。

图9-44

Step 03：单击"Load Music"按钮，载入"背景音乐"，如图9-45所示。

图9-45

Step 04：勾选"add extra markers"复选框，将amount（数量）的滑块调整到中间位置，如图9-46所示。

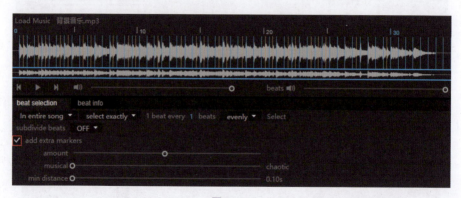

图9-46

Step 05：剪辑标记选择"Squence Markers"，单击"创建标记"按钮，如图9-47所示。

Step 06：创建标记之后，在时间轴上会根据音乐的鼓点节拍打好标记，如图9-48所示。

图9-47

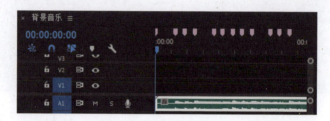

图9-48

Step 07：最后可以导入视频，根据标记进行剪辑，在剪辑后添加转场效果。

# 第10章
## 综合案例

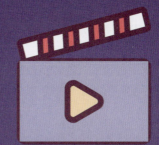

本章主要介绍制作短视频的综合案例,包括商品短视频制作、水墨短视频制作、相册动画制作和音乐卡点短视频制作,最后将制作好的短视频发布到电商平台、快手平台和抖音平台。

# 10.1 商品短视频制作

下面介绍商品短视频的制作方法,从视频剪辑开始,然后对视频进行调色,添加视频之间的转场,添加字幕,最后将渲染好的视频发布到电商平台。

## 10.1.1 视频剪辑

首先创建序列,对视频进行剪辑,最后将视频合成在一个序列中。

Step 01:打开Premiere Pro软件,在菜单栏中执行"文件">"新建">"项目"命令,新建项目,导入素材文件,如图10-1所示。

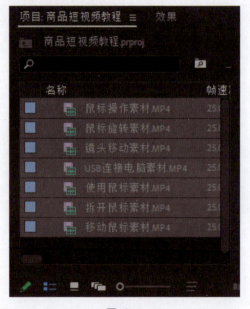

图10-1

Step 02:在菜单栏中执行"文件">"新建">"序列"命令,打开"新建序列"窗口,将"帧大小"设为"800水平,800垂直",如图10-2所示。

Step 03:单击"确定"按钮,新建序列,在"项目"面板中将"鼠标旋转素材"拖动到"时间轴"面板,会弹出"剪辑不匹配警告"对话框,如图10-3所示。

第10章 综合案例

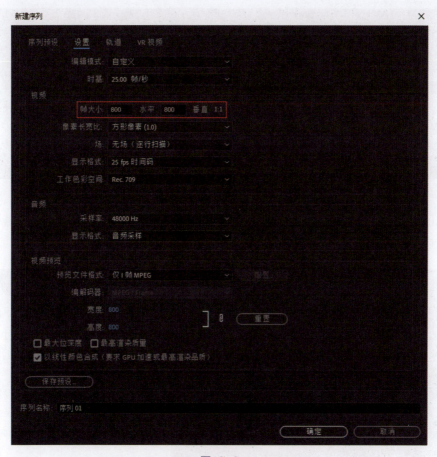

图10-2

图10-3

Step 04：单击"保持现有设置"按钮，再将"鼠标旋转素材"拖动到"时间轴"面板，如图10-4所示。

图10-4

Step 05：在时间轴上选择"鼠标旋转素材"，在"效果控件"面板调整参数，将"位置"的水平参数设为228，"缩放"设为75，如图10-5所示。

图10-5

Step 06：将时间线移动到开始位置，单击"位置"前的 ⏱ "切换动画"按钮，添加关键帧，如图10-6所示。

第10章 综合案例

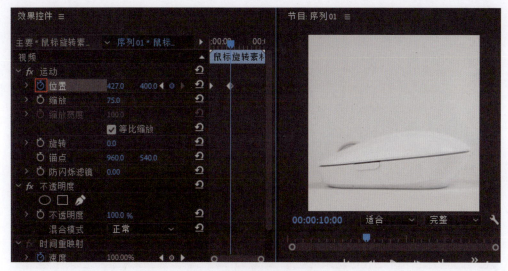

图10-6

Step 07：将时间线移动到00:00:17:00，将"位置"设为（490,400），如图10-7所示。

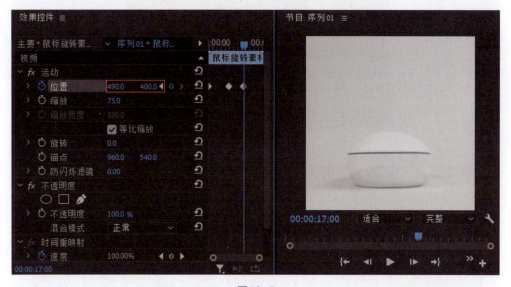

图10-7

Step 08：将时间线移动到00:00:25:00，将"位置"设为（356,400），如图10-8所示。

Step 09：将时间线移动到00:00:08:00，使用"剃刀工具"对视频进行剪辑，如图10-9所示。

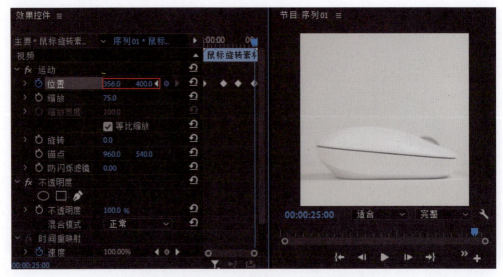

图10-8

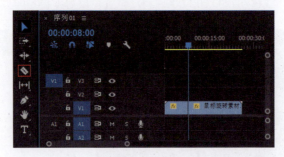

图10-9

Step 10：在"项目"面板选择"镜头移动素材"，将其拖动到时间轴的轨道V2上，并且放在轨道V1的视频上方，将轨道V1的后一段视频向后移动，如图10-10所示。

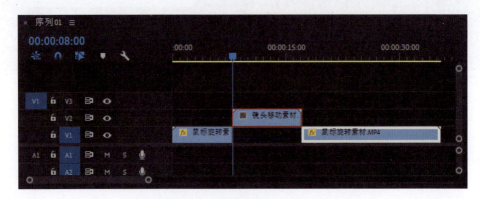

图10-10

Step 11：在"项目"面板选择"拆开鼠标素材"，将其拖动到时间轴的轨道V2上，如图10-11所示。

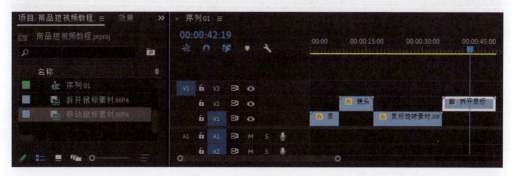

图10-11

Step 12：在"项目"面板选择"鼠标操作素材"，将其拖动到时间轴的轨道V1上，如图10-12所示。

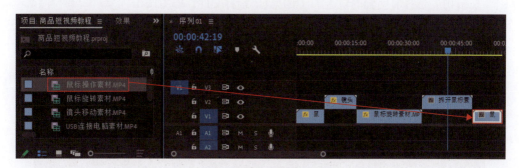

图10-12

Step 13：在"项目"面板选择"USB连接电脑素材"，将其拖动到时间轴的轨道V2上，如图10-13所示。

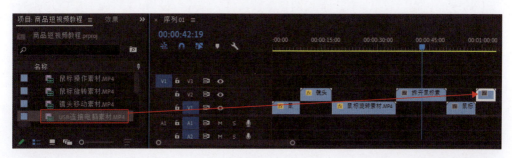

图10-13

Step 14：在"项目"面板选择"使用鼠标素材"，将其拖动到时间轴的轨道V1上，如图10-14所示。

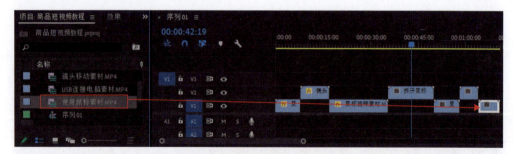

图10-14

至此，我们就完成了对视频进行剪辑。

## 10.1.2 视频调色

下面介绍通过对单个视频进行调色，然后将调色效果复制到其他视频。

Step 01：选择时间轴的轨道V1上的第1个素材文件，如图10-15所示。

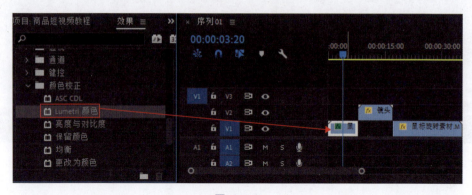

图10-15

Step 02：在"效果控件"面板调整参数，将"曝光"设为0.5，"白色"设为25，"黑色"设为15，如图10-16所示。

Step 03：在"效果控件"面板选择"Lumetri 颜色"效果，单击鼠标右键，在弹出的快捷菜单中执行"复制"命令，如图10-17所示。

Step 04：在时间轴上选择第3个素材文件，然后在"效果控件"面板按"Ctrl+V"组合键进行粘贴效果，或者单击鼠标右键，在弹出的快捷菜单中执行"粘贴"命令，如图10-18所示。

第10章 综合案例

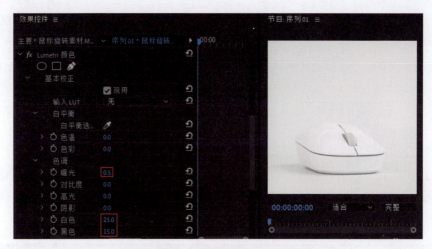

图10-16

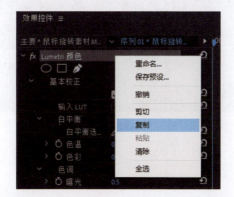

图10-17

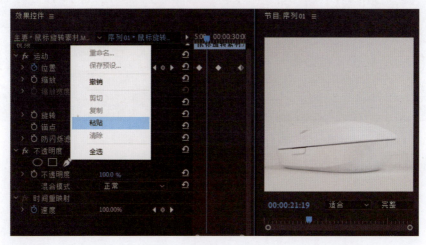

图10-18

319

Step 05：使用同样的方法，在时间轴上选择较暗的素材文件，按"Ctrl+V"组合键进行粘贴效果。

通过这种方法可以批量对视频进行单独调色，以及调整调色参数。

## 10.1.3 视频转场

下面介绍通过Impact Blur转场插件对视频添加转场效果的方法。

Step 01：在"效果"面板选择Impact Blur转场插件的转场效果，并将其拖动到素材文件上，将时间轴的轨道V2上的素材文件向前移动，使第1个素材文件和第2个素材部分重叠，如图10-19所示。

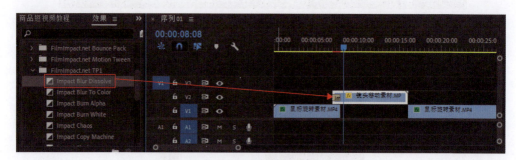

图10-19

Step 02：在时间轴的轨道V2上的素材文件末端添加转场效果，将第3个素材文件向前移动，如图10-20所示。

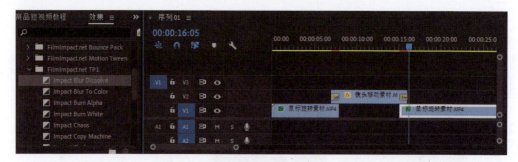

图10-20

Step 03：使用同样的方法，给其他素材文件添加转场效果，如图10-21所示。

第10章 综合案例

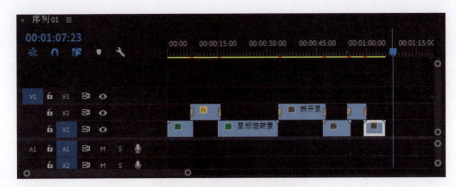

图10-21

## 10.1.4 视频节奏

下面介绍如何设置视频节奏,可以通过"速度/持续时间"命令设置视频的快慢节奏。由于时间轴上的第3个素材文件的时间较长,我们可以调整素材的时间。

Step 01:选择第3个素材文件,单击鼠标右键,在弹出的快捷菜单中执行"速度/持续时间"命令,如图10-22所示。

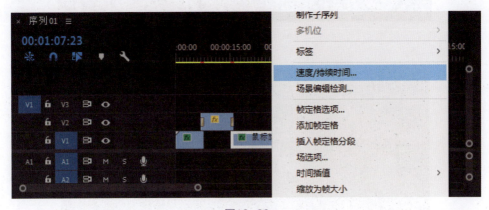

图10-22

Step 02:在弹出的"剪辑素材/持续时间"窗口中将"速度"设为200%,如图10-23所示。

Step 03:单击"确定"按钮,可以看到第3个素材文件的时间缩短了一倍,如图10-24所示。

Step 04:在时间轴上移动素材文件的位置,这样,整个视频的时间就控制在1分钟之内,如图10-25所示。

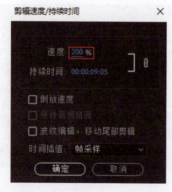

图10-23

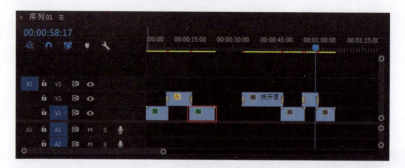

图10-24

图10-25

## 10.1.5 字幕

下面介绍给视频添加字幕的方法，这里使用的是模板预设，可以通过模板预设修改字幕的文本。

Step 01：单击"图形"菜单，在"基本图形"面板下找到合适的模板。这里选择了"Call_Out_Centered_01"模板，并将其拖动到"时间轴"面板，如图10-26所示。

第10章 综合案例

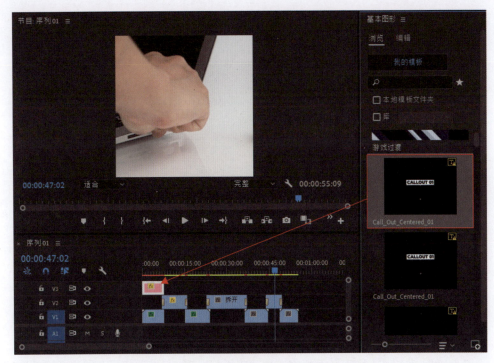

图10-26

Step 02：打开"效果控件"面板，将"位置"设为（384,229），"缩放"设为33，如图10-27所示。

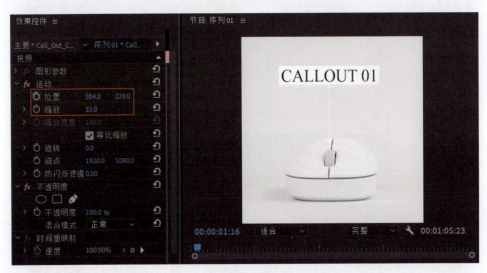

图10-27

Step 03：在"基本图形"面板的"编辑"下输入文本"简约大气"，如图10-28所示。

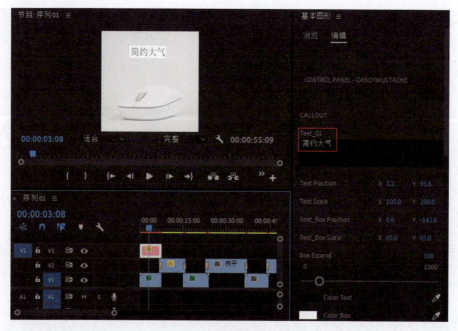

图10-28

Step 04：在"基本图形"面板中选择"Call_Out_Right_01"模板，并将其拖动到时间轴面板，如图10-29所示。

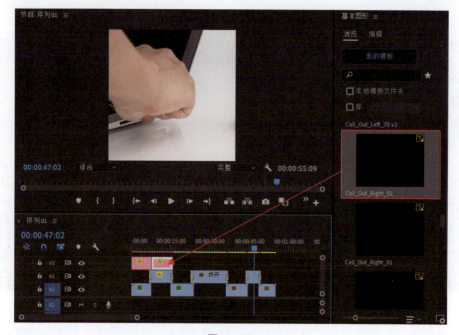

图10-29

第10章 综合案例

Step 05：在"效果控件"面板将"位置"设为（280,120），"缩放"设为26，如图10-30所示。

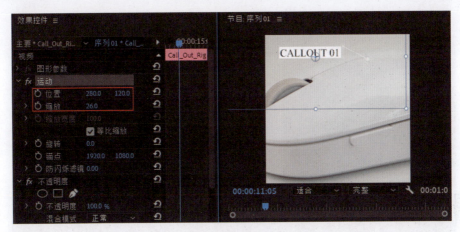

图10-30

Step 06：在"基本图形"面板中输入文字"人体工程学设计"，如图10-31所示。

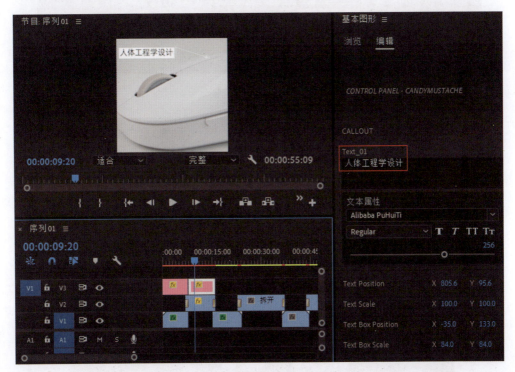

图10-31

Step 07：使用同样的方法，添加其他文本动画。选择"Call_Out_Centered_01"模

325

板,并将其拖动到"时间轴"面板,输入文本"快速稳定",如图10-32所示。

Step 08:选择"Call_Out_Left_01"模板,并将其拖动到"时间轴"面板,输入文本"无线办公自由自在",如图10-33所示。

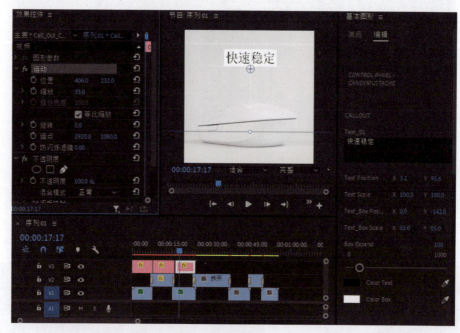

图10-32

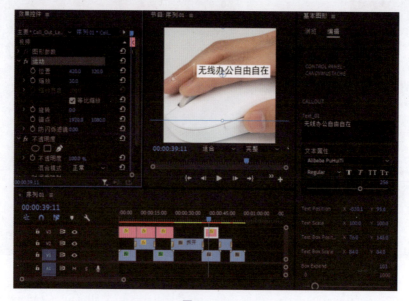

图10-33

Step 09:选择"Call_Out_Left_Step 05"模板,并将其拖动到"时间轴"面板,输入文本"锂电池超长待机",如图10-34所示。

图10-34

添加好字幕后,在菜单栏中执行"文件">"保存"命令,保存文件。

## 10.1.6 渲染视频

下面介绍将制作好的项目渲染成视频。

Step 01:在菜单栏中执行"文件">"导出">"媒体"命令,打开"导出设置"窗口,单击"输出名称",设置视频保存的位置和名称,如图10-35所示。

Step 02:单击"导出"按钮,即可进行视频导出,如图10-36所示。

Step 03:完成渲染后即可打开视频并进行播放。

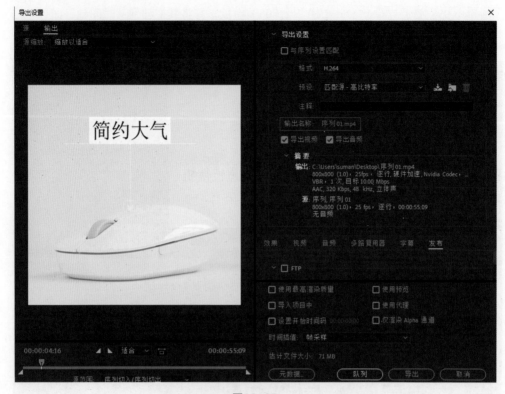

图10-35

图10-36

## 10.1.7 将视频发布到电商平台

我们可以将上文制作的视频作为主图视频发布到淘宝、天猫、京东等电商平台。

在电商平台的后台发布商品,在发布页面可以将10.1.6节导出的视频添加到主图视频位置,如图10-37所示是天猫店铺的发布页面。

# 第10章 综合案例

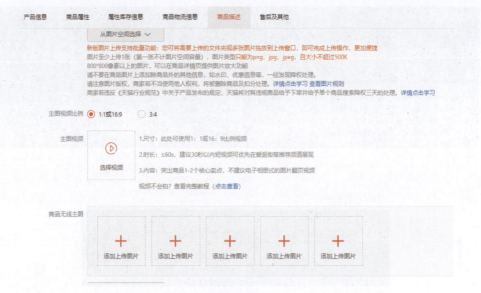

图10-37

## 10.2 水墨短视频制作

下面介绍水墨短视频的制作方法,通过创建嵌套序列和使用"轨道遮罩键"效果将其与素材文件结合在一起,然后添加背景音乐,最后将渲染好的视频发布到快手平台。

### 10.2.1 创建嵌套序列

下面介绍创建嵌套序列的方法。

Step 01:打开Premiere Pro软件,新建项目,将其命名为"水墨动画",在"项目"面板导入素材文件,如图10-38所示。

Step 02:在菜单栏中执行"文件">"新建">"序列"命令,打开"新建序列"窗口,将"编辑模式"设为"HDV 720p",新建序列,如图10-39所示。

Step 03:在"项目"面板选择"水墨素材1",将其拖动到"时间轴"面板,会弹出"剪辑不匹配警告"对话框,如图10-40所示。

图10-38

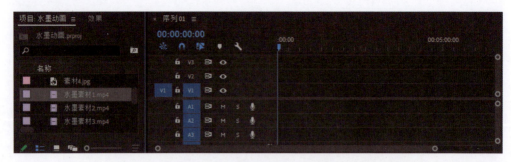

图10-39

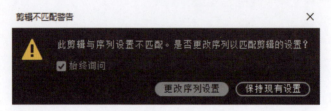

图10-40

Step 04：单击"保持现有设置"按钮，将"水墨素材1"添加到"时间轴"面板。

Step 05：使用同样的方法，将"项目"面板的"水墨素材2"、"水墨素材3"和"水墨素材4"拖动到"时间轴"面板，如图10-41所示。

图10-41

Step 06：在时间轴上选择"水墨素材1"，在"效果控件"面板调整参数，将"缩放"设为34，如图10-42所示。

Step 07：在时间轴上选择"水墨素材1"，单击鼠标右键，在弹出的快捷菜单中执行"嵌套"命令，会弹出"嵌套序列名称"对话框，如图10-43所示。

Step 08：输入名称"水墨素材嵌套序列01"，单击"确定"按钮，如图10-44所示。

第10章 综合案例

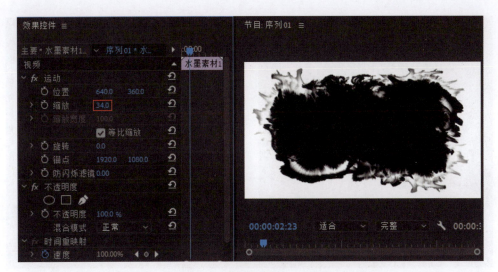

图10-42

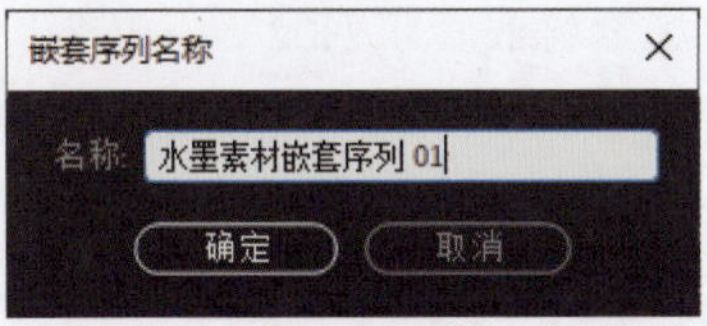

图10-43

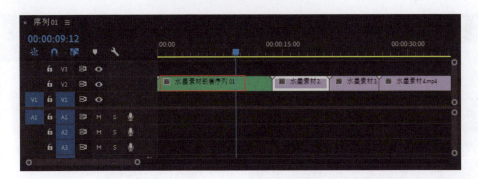

图10-44

Step 09：在时间轴上选择"水墨素材2"，在"效果控件"面板调整参数，将"缩放"设为34，如图10-45所示。

Step 10：在时间轴上选择"水墨素材2"，单击鼠标右键，在弹出的快捷菜单中执行"嵌套"命令，会弹出"嵌套序列名称"对话框，如图10-46所示。

331

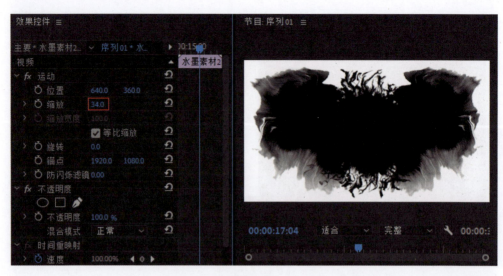

图10-45

Step 11：输入名称"水墨素材嵌套序列02"，单击"确定"按钮。

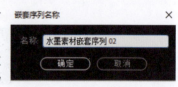

图10-46

Step 12：在时间轴上选择"水墨素材3"，在"效果控件"面板调整参数，将"缩放"设为34，如图10-47所示。

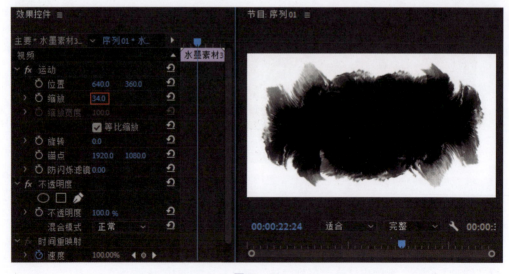

图10-47

Step 13：在时间轴上选择"水墨素材3"，单击鼠标右键，在弹出的快捷菜单中执行"嵌套"命令，创建"水墨素材嵌套序列03"。

Step 14：在时间轴上选择"水墨素材4"，在"效果控件"面板调整参数，将"缩放"设为"34"，如图10-48所示。

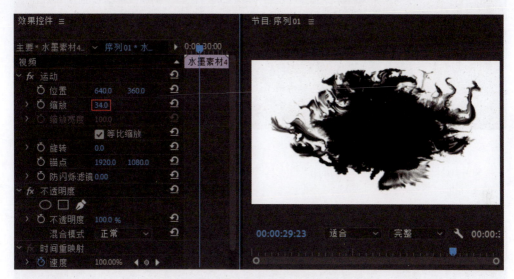

图10-48

Step 15：在时间轴上选择"水墨素材4"，单击鼠标右键，在弹出的快捷菜单中执行"嵌套"命令，创建"水墨素材嵌套序列04"，如图10-49所示。

图10-49

## 10.2.2 视频合成

下面介绍将嵌套序列和项目中的素材文件进行结合的方法，主要使用了"轨道遮罩键"效果。

Step 01：在"项目"面板将"素材1"拖动到"时间轴"面板，如图10-50所示。

图10-50

**Step 02**：修改"素材1"的时间，使其与"水墨素材嵌套素材01"的时间相等，如图10-51所示。

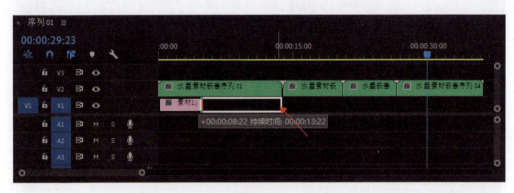

图10-51

**Step 03**：在"效果"面板选择"轨道遮罩键"效果，并将其拖动到"素材1"上，如图10-52所示。

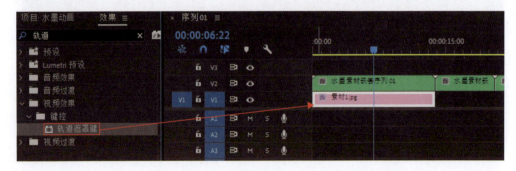

图10-52

**Step 04**：选择时间轴上的"素材1"，在"效果控件"面板调整参数，将"缩放"设为43，在"轨道遮罩键"下将"遮罩"选择"视频2"，"合成方式"选择"亮度遮罩"，勾选"反向"复选框，如图10-53所示。

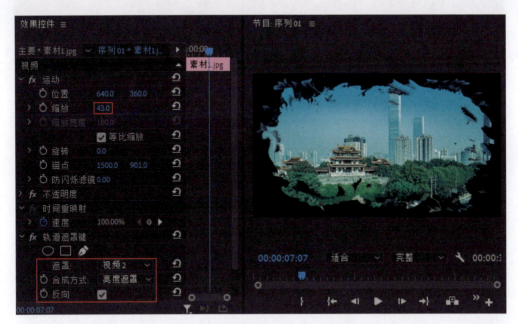

图10-53

Step 05：在"项目"面板将"素材2"拖动到"时间轴"面板，调整其时间长度，使其与"水墨素材嵌套素材02"的时间相等，如图10-54所示。

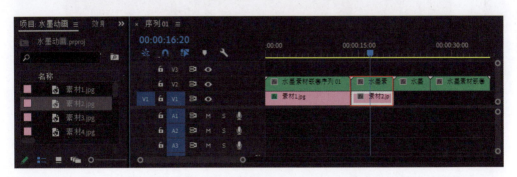

图10-54

Step 06：在时间轴上选择"素材2"，在"效果控件"面板调整参数，将"缩放"设为53，在"轨道遮罩键"下将"遮罩"选择"视频2"，"合成方式"选择"亮度遮罩"，勾选"反向"复选框，如图10-55所示。

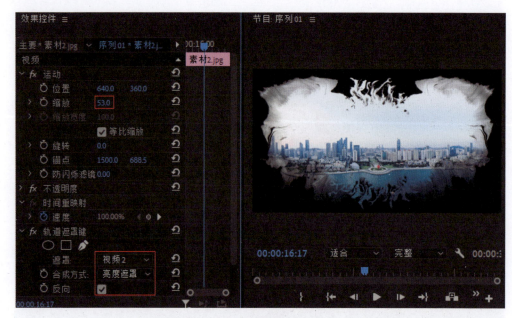

图10-55

Step 07：在"项目"面板将"素材3"拖动到"时间轴"面板，调整其时间长度，使其与"水墨素材嵌套素材03"的时间相等，如图10-56所示。

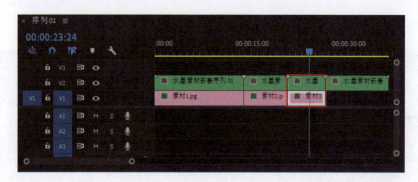

图10-56

Step 08：在时间轴上选择"素材3"，在"效果控件"面板调整参数，将"缩放"设为55，在"轨道遮罩键"下将"遮罩"选择"视频2"，"合成方式"选择"亮度遮罩"，勾选"反向"复选框，如图10-57所示。

第10章 综合案例

图10-57

Step 09：在"项目"面板将"素材4"拖动到"时间轴"面板，调整其时间长度，使其与"水墨素材嵌套素材04"的时间相等，如图10-58所示。

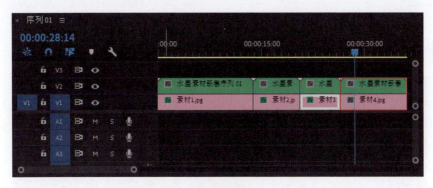

图10-58

Step 10：在时间轴"素材4"，在"效果控件"面板调整参数，将"缩放"设为45，在"轨道遮罩键"下将"遮罩"选择"视频2"，"合成方式"选择"亮度遮罩"，勾选"反向"复选框，如图10-59所示。

337

图10-59

## 10.2.3 制作合成效果

下面介绍通过创建嵌套序列来制作合成效果。

Step 01：在时间轴上选择"水墨素材嵌套序列01"和"素材1"，如图10-60所示。

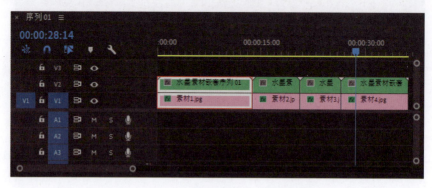

图10-60

Step 02：单击鼠标右键，在弹出的快捷菜单中执行"嵌套"命令，会弹出"嵌套序列名称"对话框，如图10-61所示。

Step 03：在"名称"输入"嵌套序列01"，单

图10-61

击"确定"按钮,将"嵌套序列01"拖动到时间轴的轨道V2上,如图10-62所示。

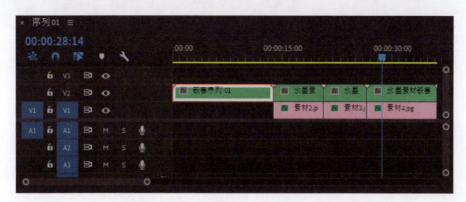

图10-62

Step 04:在时间轴上选择"水墨素材嵌套序列02"和"素材2",单击鼠标右键,在弹出的快捷菜单中执行"嵌套"命令,会弹出"嵌套序列名称"对话框,如图10-63所示。

图10-63

Step 05:在"名称"输入"嵌套序列02",单击"确定"按钮。将"嵌套序列02"拖动到时间轴的轨道V3上,使"嵌套序列02"和"嵌套序列01"在时间轴上重叠一部分,如图10-64所示。

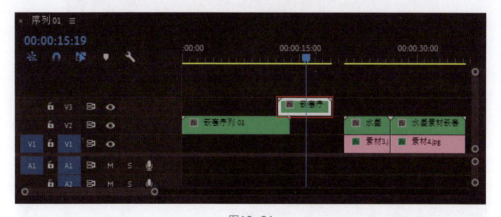

图10-64

Step 06:在时间轴上选择"水墨素材嵌套序列03"和"素材3",单击鼠标右键,在弹出的快捷菜单中执行"嵌套"命令,会弹出"嵌套序列名称"对话框,在"名称"输入"嵌套序列03"。将"嵌套序列03"拖动到时间轴的轨道V4上,使"嵌套序列03"和"嵌套序列02"在时间轴上重叠一部分,如图10-65所示。

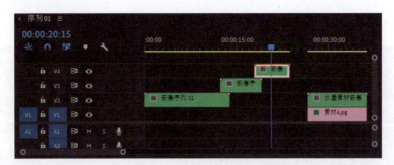

图10-65

Step 07：在时间轴上选择"水墨素材嵌套序列04"和"素材4"，单击鼠标右键，在弹出的快捷菜单中执行"嵌套"命令，会弹出"嵌套序列名称"对话框，在"名称"输入"嵌套序列04"。将"嵌套序列04"拖动到时间轴的轨道V5上，使"嵌套序列04"和"嵌套序列03"在时间轴上重叠一部分，如图10-66所示。

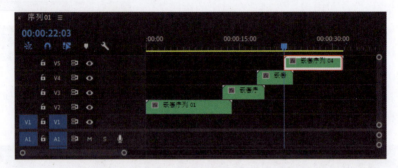

图10-66

调整后，"节目"面板效果如图10-67所示。

图10-67

第10章 综合案例

Step 08：在"项目"面板将"动态背景"文件拖动到时间轴的轨道V1上，如图10-68所示。

图10-68

Step 09：在工具箱中选择"剃刀工具"，对"动态背景"文件进行剪辑，使"动态背景"文件的时间和"嵌套序列04"的时间对齐，如图10-69所示。

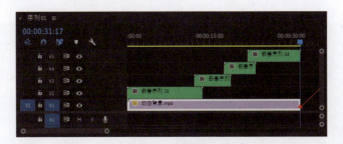

图10-69

Step 10：在时间轴上选择"动态背景"文件，在"效果控件"面板调整参数，将"缩放"设为70，如图10-70所示。

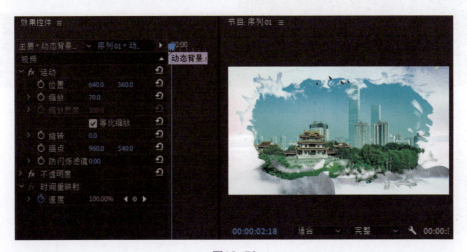

图10-70

Step 11：在时间轴上选择"嵌套序列01"，将时间线移动到"嵌套序列02"的开始位置，如图10-71所示。

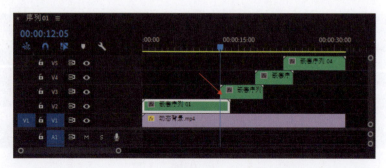

图10-71

Step 12：在"效果控件"面板单击"不透明度"前的 ⏱ "切换动画"按钮，添加关键帧，如图10-72所示。

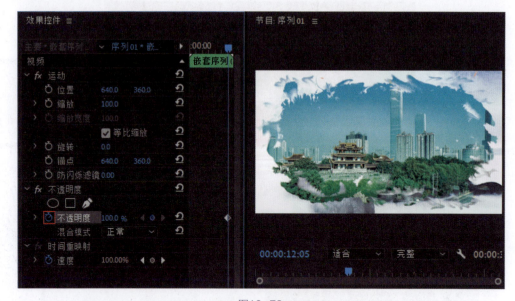

图10-72

Step 13：将时间线移动到"嵌套序列01"的结束位置，如图10-73所示。

Step 14：在"效果控件"面板将"不透明度"设为0%，如图10-74所示。至此，就完成了"嵌套序列01"的不透明度动画效果。

Step 15：使用同样的方法，制作"嵌套序列 02"和"嵌套序列 03"的不透明度动画，如图10-75所示。

第10章 综合案例

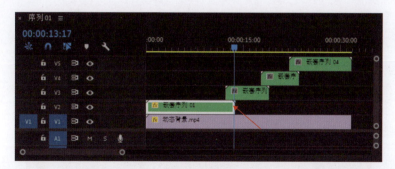

图10-73

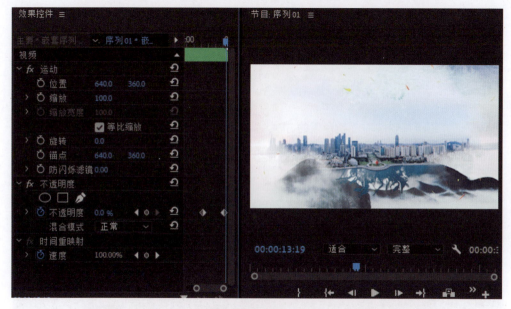

图10-74

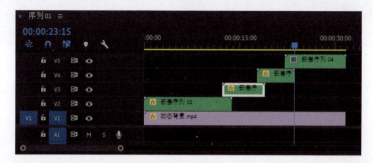

图10-75

Step 16：在"项目"面板将"光斑"文件拖动到"时间轴"面板，使用"剃刀工具"剪辑该文件，如图10-76所示。

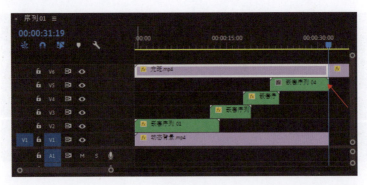

图10-76

Step 17：选择后一个"光斑"文件，单击鼠标右键，在弹出的快捷菜单中执行"清除"命令，即可删除该文件。

## 10.2.4 添加背景音乐

下面介绍给视频添加背景音乐的方法。

Step 01：在"项目"面板将"背景音乐"文件拖动到"时间轴"面板，如图10-77所示。

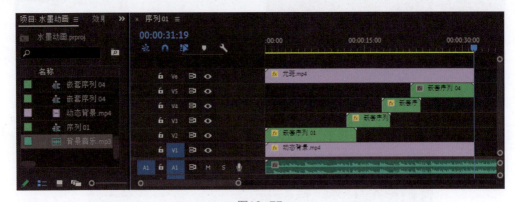

图10-77

Step 02：使用"剃刀工具"剪辑"背景音乐"文件，将后面的一段音频文件删除，如图10-78所示。

Step 03：在"效果"面板选择"恒定功率"效果，并将其拖动到"背景音乐"文件的末端，如图10-79所示。

第10章 综合案例

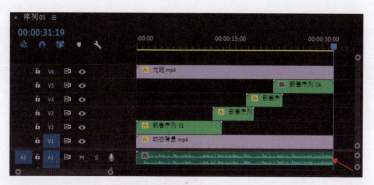

图10-78

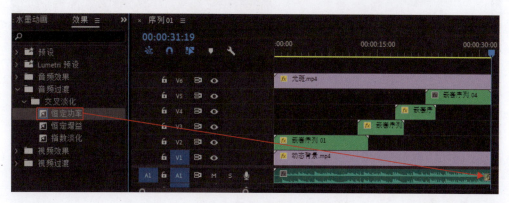

图10-79

## 10.2.5 渲染视频

下面介绍将项目渲染成视频的方法。

选择序列，在菜单栏中执行"文件">"导出">"媒体"命令，会弹出"导出设置"窗口，如图10-80所示。

将"格式"选择"H.264"，将"输出名称"命名为"水墨短视频"，单击"导出"按钮，即可渲染视频。

图10-80

## 10.2.6 将视频发布到快手平台

下面介绍将短视频发布到快手平台的方法。

Step 01：在计算机上打开"快手创作者服务平台"，如图10-81所示。

图10-81

第10章 综合案例

Step 02：单击"发布"按钮，然后单击"发布内容"选项，如图10-82所示。

图10-82

Step 03：单击"上传视频"按钮，选择10.2.4节导出好的"水墨短视频"并进行上传，如图10-83所示。

图10-83

Step 04：在上传页面填写该视频的信息，单击"发布"按钮，即可发布该视频。

## 10.3 相册动画制作

本节介绍制作相册动画的方法,包括视频的镜头制作、效果复制,将动画进行合成。

### 10.3.1 第1个镜头制作

下面介绍制作相册动画的第1个镜头。

Step 01:打开Premiere Pro软件,新建项目,导入素材文件,如图10-84所示。

Step 02:新建序列,将"素材1"拖动到"时间轴"面板,如图10-85所示。

Step 03:在"效果控件"面板调整参数,将"缩放"设为44,如图10-86所示。

Step 04:在"效果"面板将"基本 3D"效果拖动到"素材1"上,如图10-87所示。

Step 05:将时间线移动到开始位置,单击"与图像的距离"前的 "切换动画"按钮,添加关键帧,如图10-88所示。

图10-84

图10-85

第10章 综合案例

图10-86

图10-87

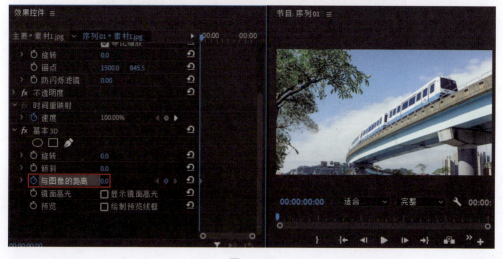

图10-88

Step 06：将时间线移动到00:00:02:00，将"与图像的距离"设为-8，如图10-89所示。

图10-89

Step 07：在时间轴上选择"素材1"，单击鼠标右键，在弹出的快捷菜单中执行"嵌套"命令，会弹出"嵌套序列名称"对话框，如图10-90所示。

Step 08：单击"确定"按钮，创建"嵌套序列01"，如图10-91所示。

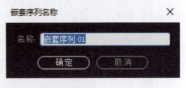

图10-90

图10-91

Step 09：将时间线移动到00:00:01:00，使用"剃刀工具"将"嵌套序列01"剪辑为两段，如图10-92所示。

Step 10：在"效果"面板选择"变换"效果，将其拖动到时间轴的"嵌套序列01"前面的一段素材文件上，如图10-93所示。

第10章 综合案例

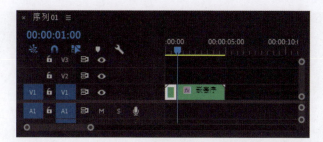

图10-92

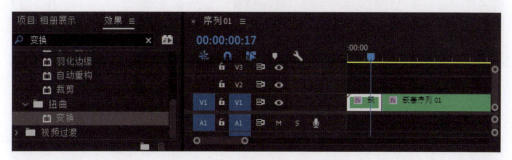

图10-93

Step 11：在"效果控件"面板调整参数，将"缩放"设为110，如图10-94所示。

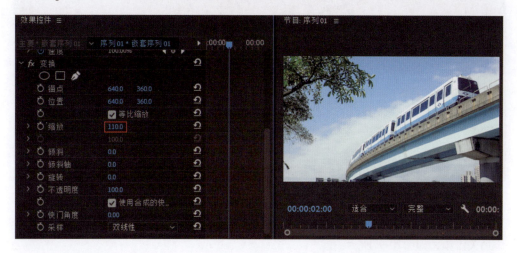

图10-94

Step 12：使用"变换"效果下的"矩形工具"绘制矩形蒙版，如图10-95所示。

图10-95

Step 13：将"蒙版羽化"设为0，在"节目"面板调整蒙版的形状，如图10-96所示。

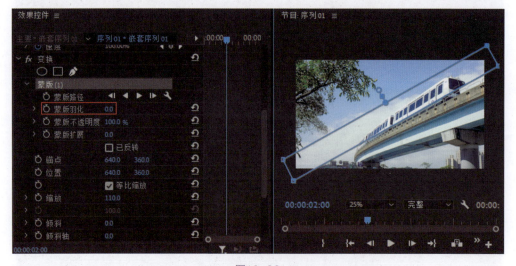

图10-96

Step 14：将时间线移动到00:00:00:04，将"蒙版扩展"设为-74，为"蒙版扩展"添加关键帧，如图10-97所示。

第10章 综合案例

图10-97

Step 15：将时间线移动到00:00:01:00，将"蒙版扩展"设为556，如图10-98所示。

图10-98

Step 16：在"效果控件"面板勾选"蒙版（1）"下的"已反转"复选框，选择两个关键帧，单击鼠标右键，在弹出的快捷菜单中执行"贝塞尔曲线"命令，如图10-99

所示。

图10-99

Step 17：在"效果"面板选择"RGB 曲线"效果，并将其拖动到时间轴的"嵌套序列 01"上，如图10-100所示。

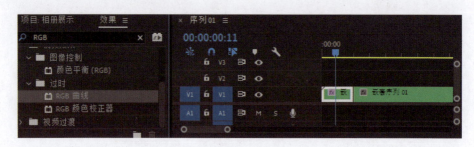

图10-100

Step 18：在"效果控件"面板选择"蒙版（1）"，按"Ctrl+C"组合键复制，在 RGB曲线上按"Ctrl+V"组合键粘贴，即可将复制的蒙版粘贴到RGB 曲线上，如图10-101所示。

第10章 综合案例

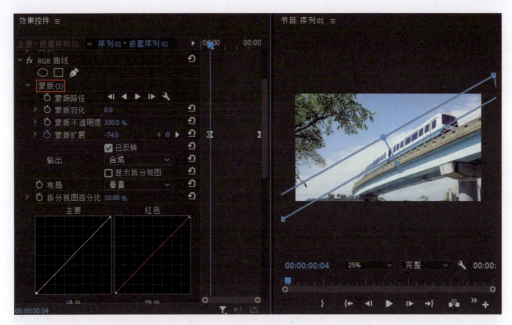

图10-101

Step 19：调整RGB 曲线，调整后的效果如图10-102所示。

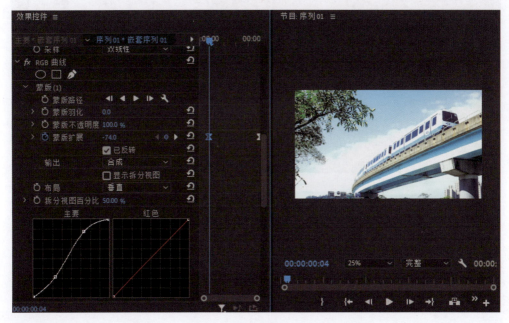

图10-102

Step 20：在"效果"面板选择"高斯模糊"效果，并将其拖动到"时间轴"面板,如图10-103所示。

图10-103

Step 21:在"效果控件"面板将蒙版(1)复制到"高斯模糊"效果上,将"模糊度"设为20,如图10-104所示。

图10-104

Step 22:在"效果控件"面板选择"变换"效果,按"Ctrl+C"组合键复制,再按"Ctrl+V"组合键粘贴,将时间线移动到00:00:00:22,再将"蒙版扩展"的关键帧移动到00:00:00:22,如图10-105所示。

图10-105

Step 23：在"效果控件"面板复制"RGB曲线"，调整其参数，如图10-106所示。

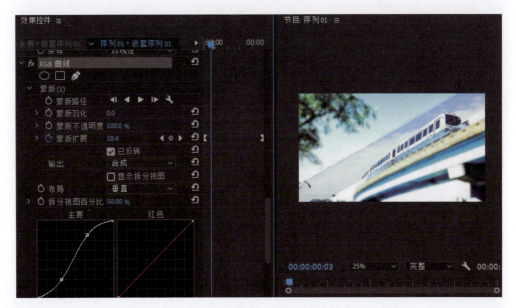

图10-106

Step 24：再次复制"变换"效果，将"不透明度"设为0，将结束关键帧移动到00:00:00:20，如图10-107所示。

图10-107

Step 25：在"效果"面板选择"投影"效果，将其拖动到时间轴的"嵌套序列01"上，如图10-108所示。

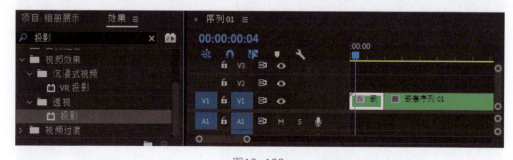

图10-108

Step 26：打开"效果控件"面板，复制"变换"效果下的"蒙版（1）"，并将其拖动到"投影"效果上，如图10-109所示。

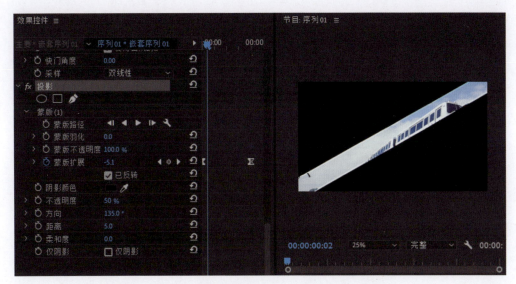

图10-109

至此，我们就完成了第一个镜头的制作。

## 10.3.2 第2个镜头制作

下面使用同样的方法制作第2个镜头。

Step 01：将"素材2"拖动到"时间轴"面板，如图10-110所示。

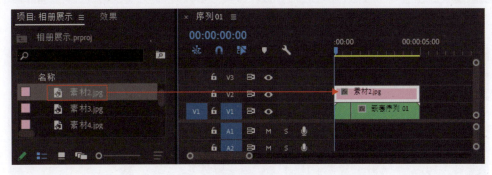

图10-110

Step 02：在"效果控件"面板调整"素材2"参数，将"缩放"设为45，如图10-111所示。

Step 03：在"效果"面板将"基本3D"效果拖动到"素材2"上，如图10-112所示。

Step 04：将时间线移动到开始位置，在"与图像的距离"前单击 "切换动画"按钮，添加关键帧，如图10-113所示。

图10-111

图10-112

图10-113

Step 05：将时间线移动到00:00:02:00，将"与图像的距离"设为-8，如图10-114所示。

图10-114

Step 06：在时间轴上选择"素材2"，单击鼠标右键，在弹出的快捷菜单中执行"嵌套"命令，创建"嵌套序列02"，如图10-115所示。

图10-115

Step 07：将时间线移动到00:00:01:00，使用"剃刀工具"剪辑"嵌套序列02"，如图10-116所示。

图10-116

Step 08：选择时间轴的轨道V2上的"嵌套序列 02"，将其移动到00:00:02:00，作为开始位置，如图10-117所示。

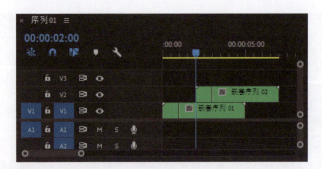

图10-117

Step 09：选择时间轴的轨道V1上的"嵌套序列 01"，在"效果控件"面板按"Ctrl"键选择效果，如图10-118所示。

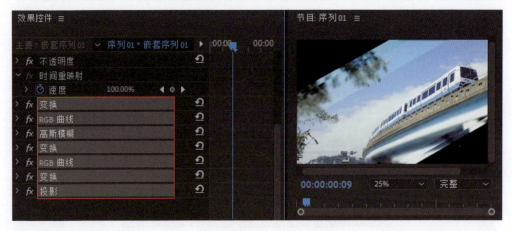

图10-118

Step 10：按"Ctrl+C"组合键复制效果，选择时间轴的轨道V2上的前面一段素材文件，按"Ctrl+V"组合键粘贴效果，如图10-119所示。

Step 11：使用同样的方法，制作"素材3"的动画效果，如图10-120所示。

"节目"面板效果如图10-121所示。

图10-119

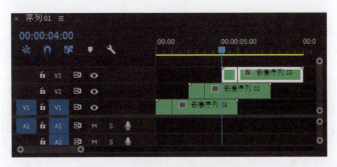

图10-120

图10-121

如果制作的视频比较多的话,则可以按照这个思路进行操作。

### 10.3.3 效果合成

下面介绍视频的效果合成。

Step 01：在时间轴上选择所有的嵌套序列，如图10-122所示。

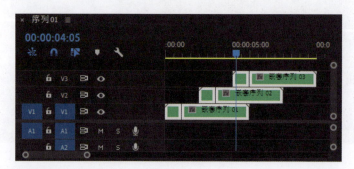

图10-122

Step 02：单击鼠标右键，在弹出的快捷菜单中执行"嵌套"命令，创建一个新的"嵌套序列"，如图10-123所示。

图10-123

Step 03：在"项目"面板将"粒子素材"拖动到"时间轴"面板，如图10-124所示。

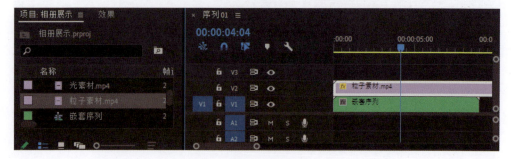

图10-124

Step 04：在"效果控件"面板调整参数，将"缩放"设为64，"混合模式"选择"线性减淡"，如图10-125所示。

图10-125

Step 05：在"项目"面板将"光素材"拖动到"时间轴"面板，如图10-126所示。

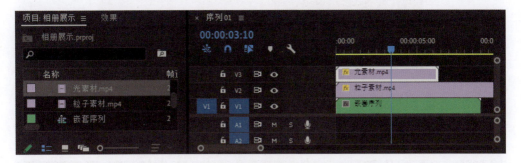

图10-126

Step 06：在"效果控件"面板调整参数，将"缩放"设为34，"混合模式"选择"线性减淡"，如图10-127所示。

Step 07：调整效果后，选择时间轴的轨道V3上的"光素材"，再复制一个"光素材"，将其放在轨道V3上，如图10-128所示。

图10-127

图10-128

Step 08：在"项目"面板选择"光斑素材"，将其拖动到时间轴的轨道V4上，如图10-129所示。

图10-129

Step 09：在"效果控件"面板调整参数，将"缩放"设为70，"混合模式"选择"线性减淡"，如图10-130所示。

图10-130

Step 10：使用"文字工具"输入文本"照片相册展示"，如图10-131所示。

图10-131

Step 11：在"效果"面板选择"交叉溶解"效果，将其拖动到时间轴的文字动画上，如图10-132所示。

Step 12：在"项目"面板，将"背景音乐"拖动到"时间轴"面板，如图10-133所示。

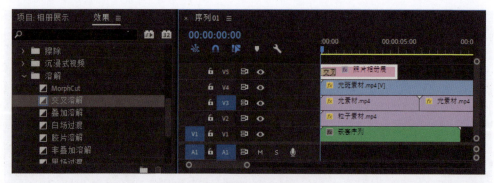

图10-132

图10-133

Step 13：使用"剃刀工具"将音频、视频和嵌套序列的时间统一，在"效果"面板选择"恒定功率"效果，并将其拖动到音频的末端，如图10-134所示。

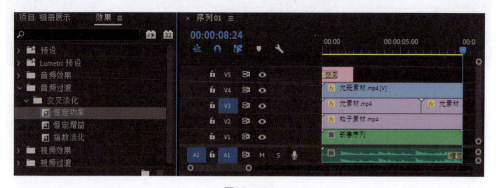

图10-134

Step 14：在菜单栏中执行"文件"＞"保存"命令，保存项目，渲染视频。
至此，我们就完成了相册动画制作的案例。

## 10.4 音乐卡点短视频制作

本节介绍音乐卡点短视频的制作方法，包括创建项目、制作视频转场、渲染视频，最终将制作好的视频发布到抖音平台。

### 10.4.1 短视频合成

Step 01：打开Premiere Pro软件，新建项目，将其命名为"卡点视频"，导入素材文件，如图10-135所示。

图10-135

Step 02：在菜单栏中执行"文件">"新建">"序列"命令，打开"新建序列"窗口，如图10-136所示。

Step 03：设置完参数后单击"确定"按钮，将"素材1"拖动到时间轴的轨道V1上，如图10-137所示。

图10-136

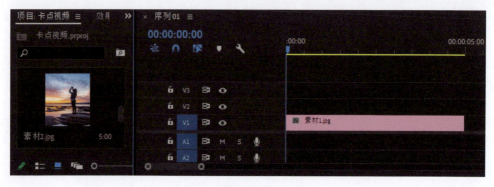

图10-137

第10章　综合案例

Step 04：在时间轴上选择"素材1"，在"效果控件"面板调整参数，将"缩放"设为220，如图10-138所示。

图10-138

Step 05：在"项目"面板将"花瓣视频素材"拖动到时间轴的轨道V2上。

Step 06：使用"剃刀工具"在时间轴上的00:00:05:00位置剪辑视频，然后删除后面的视频，如图10-139所示。

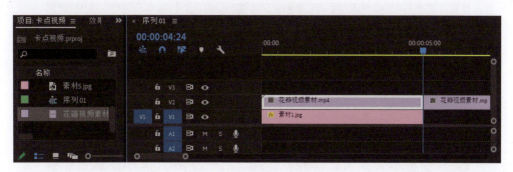

图10-139

Step 07：选择时间轴的轨道V2上的"花瓣视频素材"，将"混合模式"选择"滤色"，如图10-140所示。

371

图10-140

Step 08：在时间轴上选择轨道V1和轨道V2上的素材文件，单击鼠标右键，在弹出的快捷菜单中执行"嵌套"命令，会弹出"嵌套序列名称"对话框，如图10-141所示。

Step 09：单击"确定"按钮，"时间轴"面板的效果如图10-142所示。

图10-141

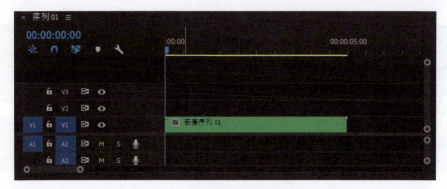

图10-142

Step 10：使用同样的方法，将"素材2"拖动到时间轴的轨道V1上，在"效果控件"调整参数，将"缩放"设为309，如图10-143所示。

图10-143

Step 11：在"项目"面板将"花瓣视频素材"拖动到时间轴的轨道V2上，在"效果控件"面板中将"混合模式"选择"滤色"，如图10-144所示。

图10-144

Step 12：将时间轴轨道上的"素材2"和其上方的"花瓣视频素材"选中，单击鼠标右键，在弹出的快捷菜单中执行"嵌套"命令，如图10-145所示。

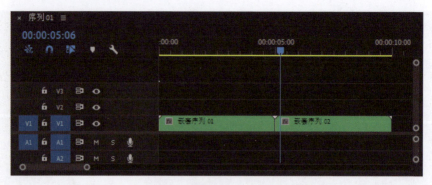

图10-145

Step 13：使用同样的方法，将"素材3"拖动到时间轴的轨道V1上，在"效果控件"调整参数，将"缩放"设为218，如图10-146所示。

图10-146

Step 14：将"花瓣视频素材"拖动到"素材3"的上方，在"效果控件"面板中，将"混合模式"选择"滤色"，如图10-147所示。

Step 15：在时间轴上选择"素材3"和"花瓣视频素材"，单击鼠标右键，在弹出的快捷菜单中执行"嵌套"命令，创建序列，如图10-148所示。

Step 16：使用同样的方法，将"素材4"拖动到"时间轴"面板，将"位置"设为（330,950），"缩放"设为222，如图10-149所示。

第10章 综合案例

图10-147

图10-148

图10-149

Step 17：将"花瓣视频素材"拖动到"素材4"的上方，将"混合模式"选择"滤色"，效果如图10-150所示。

图10-150

Step 18：使用同样的方法，将"花瓣视频素材"和"素材4"创建为嵌套序列，如图10-151所示。

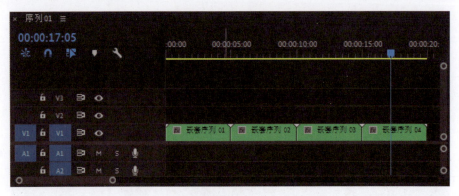

图10-151

至此，我们就完成了视频嵌套的合成。

## 10.4.2 转场效果

下面介绍通过新建"调整图层",为"调整图层"添加效果和关键帧动画,制作转场效果。

Step 01:在菜单栏中执行"文件">"新建">"调整图层"命令,会弹出"调整图层"窗口,设置参数后单击"确定"按钮,如图10-152所示。

图10-152

Step 02:将"调整图层"拖动到"时间轴"面板,将"调整图层"的开始位置调整到00:00:03:00,如图10-153所示。

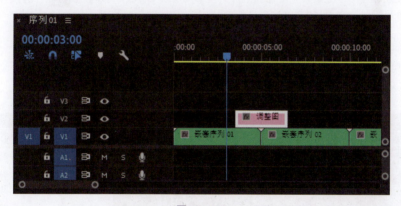

图10-153

Step 03:在"效果"面板将"变换"效果拖动到时间轴的"调整图层"上,如图10-154所示。

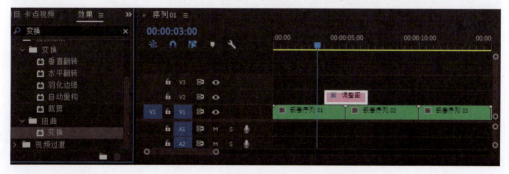

图10-154

Step 04:将时间线移动到"调整图层"的开始位置,如图10-155所示。

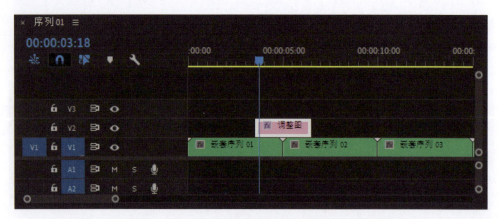

图10-155

Step 05：在"效果控件"面板的"位置"和"缩放"前单击 "切换动画"按钮，添加关键帧，如图10-156所示。

Step 06：将时间线移动到"调整图层"的中间位置，如图10-157所示。

Step 07：将"调整图层"的"位置"设为（540,1100），"缩放"设为120，如图10-158所示。

图10-156

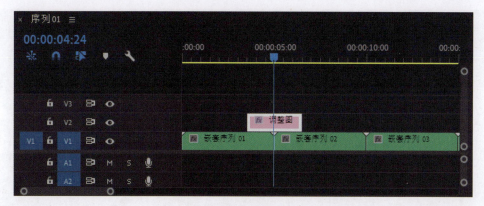

图10-157

图10-158

Step 08：将时间线移动到"调整图层"的末端，将"位置"设为（540,960），"缩放"设为100，如图10-159所示。

Step 09：在"项目"面板将"调整图层"拖动到时间轴的轨道V3上，如图10-160所示。

Step 10：在"效果"面板将"方向模糊"效果拖动到"调整图层"上，如图10-161所示。

图10-159

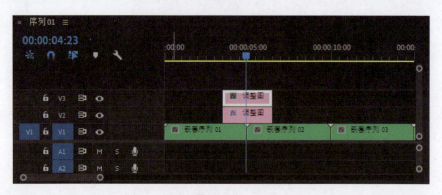

图10-160

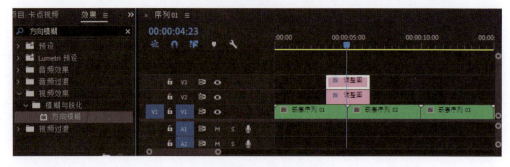

图10-161

Step 11：在"调整图层"的开始位置，将"模糊长度"设为0，添加"模糊长度"

的关键帧，如图10-162所示。

图10-162

**Step 12**：将时间线移动到"调整图层"的中间位置，将"模糊长度"设为100，如图10-163所示。

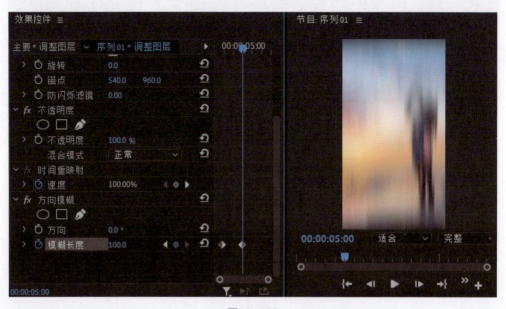

图10-163

Step 13：将时间线移动到"调整图层"的结束位置，将"模糊长度"设为0。

Step 14：再次在"项目"面板将"调整图层"拖动到时间轴的轨道V4上，如图10-164所示。

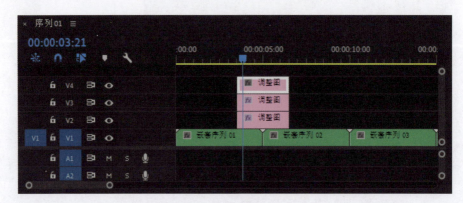

图10-164

Step 15：在"效果"面板将"VR 数字故障"效果拖动到"时间轴"面板，如图10-165所示。

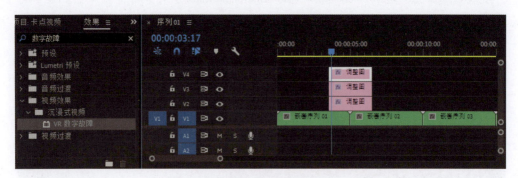

图10-165

Step 16：在"效果控件"面板调整"VR 数字故障"的参数，添加关键帧，如图10-166所示。

Step 17：将时间线移动到"调整图层"的开始位置，调整参数，如图10-167所示。

Step 18：将时间线移动到"调整图层"的中间位置，调整参数，如图10-168所示。

第10章 综合案例

图10-166

图10-167

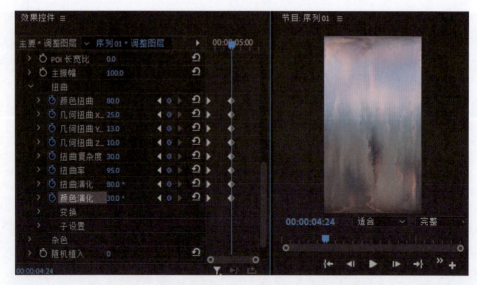

图10-168

Step 19：将时间线移动到"调整图层"的结束位置，调整参数，如图10-169所示。

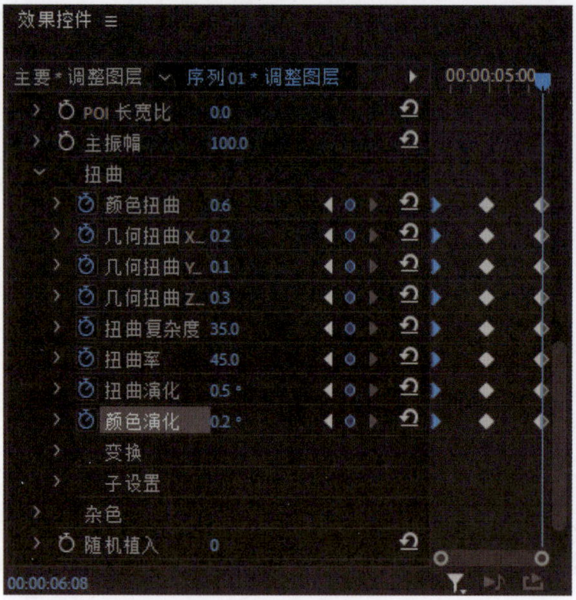

图10-169

Step 20：在"效果"面板选择"VR色差"效果，并将其拖动到时间轴的轨道V4上的"调整图层"上，如图10-170所示。

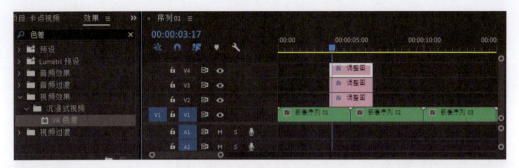

图10-170

Step 21：在"效果控制"面板调整参数，将"色差（红色）"设为0.4，"色差（绿色）"设为0.6，"色差（蓝色）"设为0.1，"衰减距离"设为0.6，并添加关键帧，如图10-171所示。

图10-171

Step 22：将时间线移动到"调整图层"的中间位置，将"色差（红色）"设为60，"色差（绿色）"设为96，"色差（蓝色）"设为20，"衰减距离"设为96，如图10-172所示。

Step 23：选择时间轴开始位置的关键帧，按"Ctrl+C"组合键复制，将时间线移动到"调整图层"的结束位置，按"Ctrl+V"组合键粘贴。至此，我们就完成了两个镜头之间的转场动画。使用同样的方法，可以制作其他镜头的转场动画。

Step 24：选择三个"调整图层"，按"Ctrl+C"组合键复制图层，在时间轴上选择轨道V2，按"Ctrl+V"组合键粘贴图层，如图10-173所示。

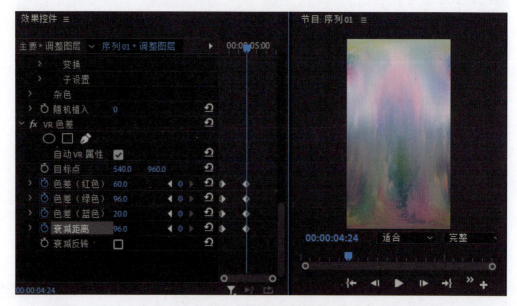

图10-172

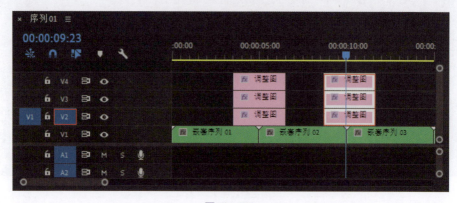

图10-173

Step 25：选择时间轴的轨道V4上的"调整图层"，为其添加"马赛克"效果，如图10-174所示。

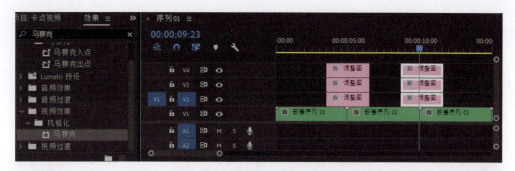

图10-174

Step 26：在"效果"面板删除"VR 色差"效果，将时间线移动到"调整图层"的开始位置，将"马赛克"效果的"水平块"和"垂直块"设为500，添加关键帧，如图10-175所示。

图10-175

Step 27：将时间线移动到"调整图层"的中间位置，调整"马赛克"效果的参数，将"水平块"和"垂直块"设为50，如图10-176所示。

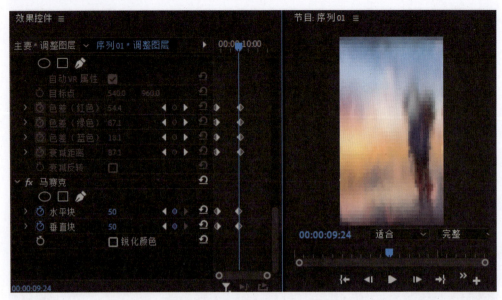

图10-176

Step 28:将时间线移动到"调整图层"的结束位置,调整"马赛克"效果的参数,将"水平块"和"垂直块"设为500。

Step 29:再次复制三个"调整图层",将其移动到合适的位置,如图10-177所示。

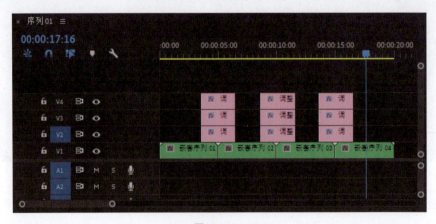

图10-177

Step 30:在"项目"面板,将"背景音乐"拖动到"时间轴"面板,使"背景音乐"的时间与视频的时间相等,如图10-178所示。

Step 31:在菜单栏中执行"文件">"保存"命令,保存项目文件。

第10章 综合案例

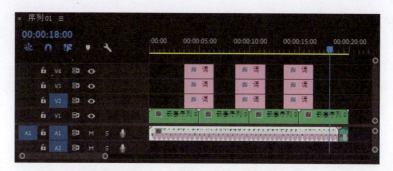

图10-178

## 10.4.3 渲染视频

下面介绍音乐卡点短视频的渲染方法。

选择序列,在菜单栏中执行"文件">"导出">"媒体"命令,会弹出"导出设置"窗口,如图10-179所示。

图10-179

将"格式"选择"H.264",在"输出名称"设置保存文件的名称,单击"导出"按钮,即可渲染视频。

389

## 10.4.4　将视频发布到抖音平台

下面介绍将渲染好的视频发布到抖音平台。

Step 01：打开"抖音创作服务平台",单击"发布"按钮,如图10-180所示。

图10-180

Step 02：将视频拖动到页面的中间位置并进行上传,然后进入"发布视频"页面,如图10-181所示。

图10-181

Step 03：填写"视频描述"等信息,单击"发布"按钮,即可将视频发布到抖音平台。